普通高等院校
应用型本科计算机专业系列教材

WANGYE SHEJI
YU ZHIZUO SHIYAN ZHIDAO

网页设计与制作
实验指导

主　编／郭其标　　叶仕通

副主编／温凯峰　　万智萍　　周汉达

U0379415

重庆大学出版社

内容提要

本书是根据教育部非计算机专业基础课程教学指导分委员会提出的"网页制作"课程教学大纲,并结合"面向应用,加强基础,普及技术,注重融合,因材施教"的教育理念编写而成。全书共有10个实验,包括:创建和管理站点,页面属性及网页文本设置,添加图像,添加多媒体,设置超链接,使用表格布局网页,综合实例等内容。

本书结构合理,内容丰富,图文并茂,通俗易懂,前后联系紧密,适宜学生学习。本书在注重基础知识、基础原理和基础方法的同时,采用了案例教学的方式培养学生的网页制作能力,同时在每个实验的后面附有思考与练习,让学生完成实验内容后可以继续思考与提高,使学生的计算机应用能力得到提升。

本书可作为普通高等学校计算机相关专业"网页设计"课程的实验教材,也可以作为网页制作培训班的实验教材,还可作为从事网页设计与制作人员的学习和参考用书。

图书在版编目(CIP)数据

网页设计与制作实验指导/郭其标,叶仕通主编.
—重庆:重庆大学出版社,2016.8(2020.7重印)
普通高等院校应用型本科计算机专业系列教材
ISBN 978-7-5624-9894-0

Ⅰ.①网… Ⅱ.①郭… ②叶… Ⅲ.①网页制作工具—
高等学校—教学参考资料 Ⅳ.①TP393.092

中国版本图书馆 CIP 数据核字(2016)第 160089 号

普通高等院校应用型本科计算机专业系列教材
网页设计与制作实验指导
主 编 郭其标 叶仕通
副主编 温凯峰 万智萍 周汉达
责任编辑:章 可 版式设计:章 可
责任校对:关德强 责任印制:赵 晟
*
重庆大学出版社出版发行
出版人:饶帮华
社址:重庆市沙坪坝区大学城西路 21 号
邮编:401331
电话:(023) 88617190 88617185(中小学)
传真:(023) 88617186 88617166
网址:http://www.cqup.com.cn
邮箱:fxk@ cqup.com.cn(营销中心)
全国新华书店经销
重庆长虹印务有限公司印刷
*
开本:787mm×1092mm 1/16 印张:9 字数:202 千
2016 年 8 月第 1 版 2020 年 7 月第 3 次印刷
ISBN 978-7-5624-9894-0 定价:26.00 元

前　言

随着 Internet 技术的不断发展,各种个人网站、商业网站等如雨后春笋般不断涌现。如何在互联网发展大潮中占有一席之地,已经成为企业和个人的一种需求。因此,学习网页设计与网站建设技术,已经成为当今社会一种基本的工作技能。同时,教育部非计算机专业计算机基础课程教学指导分委员会提出了《关于进一步加强高等学校计算机基础教学的意见》,对高校计算机基础教育的教学内容提出了更新、更高、更具体的要求,使得高校计算机基础教育开始步入更加科学、更加合理、更加符合 21 世纪高校人才培养目标且更具大学教育特征和专业特征的新阶段。

本书根据教育部非计算机专业基础课程教学指导分委员会提出的"网页制作"课程教学大纲并结合"面向应用,加强基础,普及技术,注重融合,因材施教"的教育理念编写而成。全书共有 10 个实验,实验一主要练习创建和管理站点的相关操作;实验二主要练习页面属性及网页文本设置的相关操作;实验三主要练习在网页中添加图像的相关操作;实验四主要练习在网页中添加多媒体的相关操作;实验五主要练习在网页中设置超链接的相关操作;实验六继续练习在网页中设置超链接的相关操作;实验七主要练习使用表格布局网页的相关操作;实验八主要通过综合实例练习完整制作一张网页的相关操作;实验九主要通过综合实例练习制作一个表单网页的相关操作;实验十主要通过综合实例练习制作添加了 Div 对象的网页的相关操作。

Dreamweaver CC 在网页制作与网站开发领域占据了最重要的地位,越来越多的用户利用 Dreamweaver CC 提供的全新界面和功能来高效地开发网站。本书就以 Dreamweaver 软件为例介绍网页的设计。

本书由郭其标担任主编,实验内容由郭其标编写,实验所需的案例及素材资源收集整理由周汉达、叶仕通、万智萍完成。全书由温凯峰组织和审阅定稿。

最后,要感谢有关专家、老师对本书编写工作的支持和关心。由于本教材涉及内容较广,时间仓促,水平有限,疏漏之处在所难免,恳请广大专家、教师和读者多提宝贵意见。

编　者

2016 年 6 月

目 录

实验一　创建和管理站点

【实验目的】

- 了解和掌握如何建立一个站点。
- 了解和掌握如何管理一个站点。

【实验内容与步骤】

一、创建站点

要求:建立一个名为"个人站点"的网站,网站文件根目录为 D:/Mysite。

1.打开计算机,在 D 盘根目录下建立一个名为"Mysite"的文件夹。然后双击桌面上的 Dreamweaver CC 快捷方式,进入 Dreamweaver CC 工作界面。

2.选择【站点】|【新建站点】菜单命令,如图 1-1 所示。

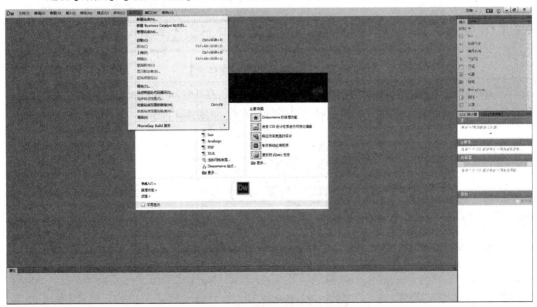

图 1-1　选择【新建站点】命令

3.在弹出【站点设置对象】对话框的【站点名称】文本框中输入"个人站点",如图 1-2 所示。

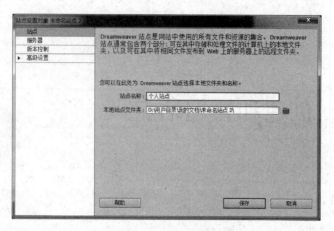

图 1-2　输入站点名称

4.在【本地站点文件夹】文本框中指定网站文件的存储位置,单击该文本框右侧的文件夹图标,选择开始建立的"Mysite"文件夹作为本地站点文件夹,如图 1-3 所示。

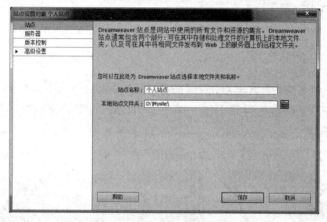

图 1-3　选择【本地站点文件夹】

5.单击【保存】按钮,关闭【站点设置对象】对话框,在 Dreamweaver CC 工作界面【文件】面板中的【本地文件】窗口中会显示该站点的根目录,如图 1-4 所示。

图 1-4　站点根目录

二、管理站点

1.选择【站点】|【管理站点】菜单命令,如图 1-5 所示。

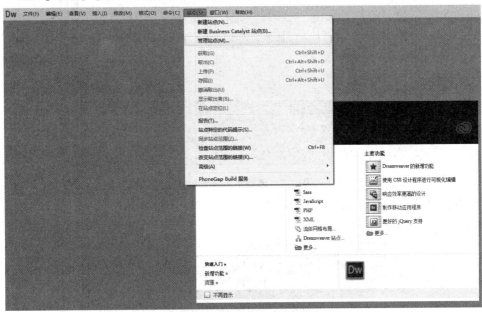

图 1-5　选择【管理站点】命令

2.打开【管理站点】对话框,如图 1-6 所示。

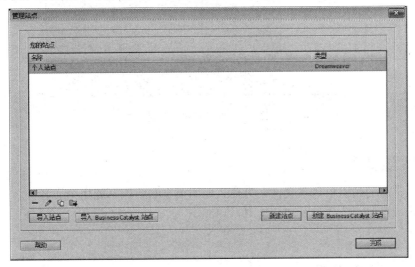

图 1-6　【管理站点】对话框

3.在【管理站点】对话框中选择要打开的站点,如选择刚建立的【个人站点】,单击【完成】按钮,即可将其打开。

4.如果要对已经建立的站点进行编辑,可在【管理站点】对话框中选择站点名称后,单击【编辑当前选定的站点】按钮,打开【站点设置对象】对话框进行编辑,如图 1-7 所示。

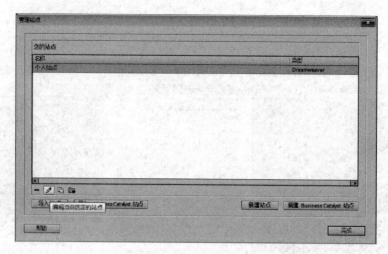

图 1-7　编辑当前选定站点

5.完成对站点的重新编辑后,单击【保存】按钮,返回【管理站点】对话框,单击【完成】按钮结束站点的编辑,如图 1-8 所示。

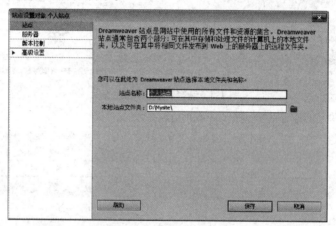

图 1-8　对站点进行保存

【思考与练习】

1.D 盘建立的站点根目录文件夹为什么要用英文名?能不能用中文名?

2.站点名称为什么直接选用中文名?

实验二　页面属性及网页文本设置

【实验目的】

- 了解和掌握如何设置网页的页面属性。
- 了解和掌握如何对网页中的文本进行设置。

【实验内容与步骤】

1.启动 Dreamweaver CC 软件,选择【文件】|【新建】菜单命令,在【新建文档】对话框中创建一个空白 HTML 文件,如图 2-1 所示。

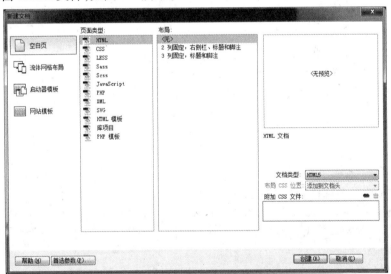

图 2-1　新建 HTML 文件

2.单击界面下方【属性】栏中的【页面属性】按钮,如图 2-2 所示。

图 2-2　单击【页面属性】按钮

3.在弹出的【页面属性】对话框的【分类】栏中进行选择,可对页面的字体、背景和边距等进行设置,如图 2-3 所示。

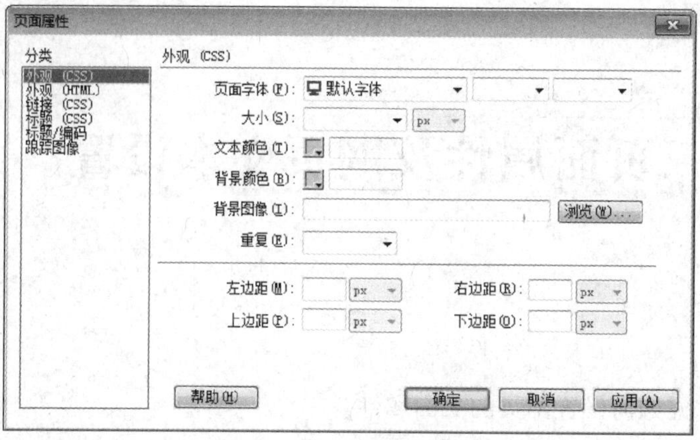

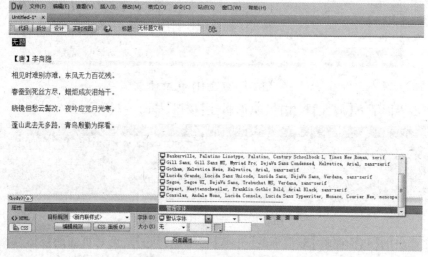

图 2-3 【页面属性】设置

4.在新建的空白 HTML 网页上输入网页文字及网页标题,如图 2-4 所示。

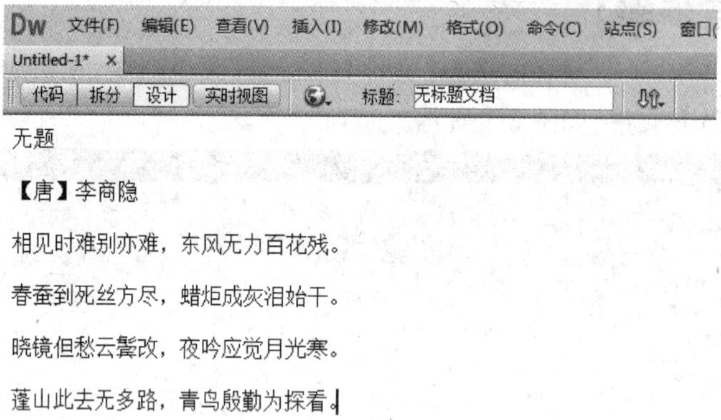

图 2-4 输入网页文字及标题

5.选择文字"无题",单击【属性】面板中的【CSS】按钮,选择【字体】后面的下三角按钮,在弹出的下拉菜单中选择【管理字体】选项,如图 2-5 所示。

图 2-5 选择"管理字体"

6.在弹出的【管理字体】对话框中,选择【自定义字体堆栈】选项卡,在【可用字体】列表中选择【微软雅黑】字体,然后单击【<<】按钮,将【微软雅黑】字体添加进【选择的字体】中,如图 2-6 所示。

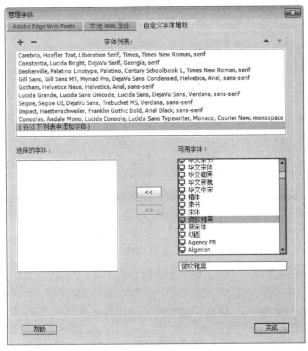

图 2-6　添加字体

7.单击【完成】按钮。选择网页内容的标题文字"无题",在【属性】面板中的【CSS】中,将标题文字设置为"微软雅黑"字体,"normal","bold",并设置文字居中对齐,然后设置字体大小为 50,效果如图 2-7 所示。

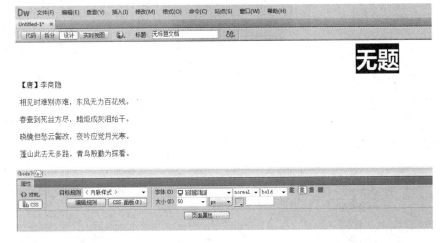

图 2-7　设置标题文字

8.按照标题文字的设置方法,依次选定剩下的 5 行文字,并以行为单位一一进行文字格式设置,如图 2-8 所示。

图 2-8　正文文本设置

9.单击工具栏【在浏览器中预览/调试】按钮,如图 2-9 所示。

图 2-9　在浏览器中预览

10.将做好的网页以文件名"ex2"保存,如图 2-10 所示。

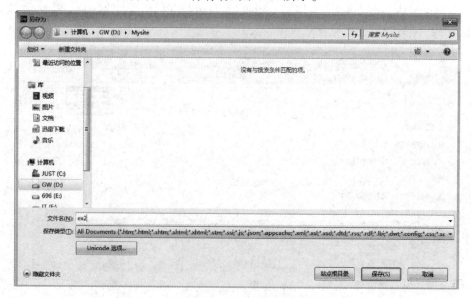

图 2-10　保存网页

11.最终效果如图 2-11 所示。

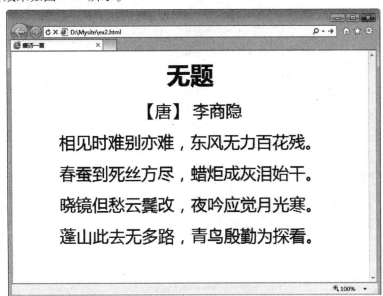

图 2-11　最终效果

【思考与练习】

1.在【属性】面板的【CSS】的【字体】设置中的 3 个文本框各设置的是文字的什么内容？

2.为什么正文文字要求逐行依次设置，而不是一次性选定设置？

3.如何实现在网页中输入连续的空格以及不加行距换行？

实验三　添加图像

【实验目的】

- 了解和掌握如何在网页中插入图像并设置。
- 了解和掌握如何设置鼠标经过图像。

【实验内容与步骤】

1.启动 Dreamweaver CC，打开实验二所做的 ex2.html 网页。

2.单击界面下方【属性】栏中的【页面属性】按钮，在【页面属性】对话框中，单击【背景图像】右边的【浏览】按钮，选择实验文件夹"ex3"中的素材图片"ex3-1.jpg"，设置网页背景图片，并将素材文件复制到网站根目录文件夹，如图 3-1 所示。

图 3-1　设置背景图片

3.将【页面属性】对话框的【背景图像】文本框中的内容删除，确定还原网页背景为白色，然后在正文文字后按回车键，新建一个空白段落。选择【插入】|【图像】|【图像】菜单命

令,如图 3-2 所示。

图 3-2　插入图像菜单

4.在【选择图像源文件】对话框中,选择实验文件夹"ex3"中的素材图片"ex3-2.jpg",并将素材文件复制到站点根目录,插入图片后的效果如图 3-3 所示。

图 3-3　插入图片

5.选择插入的图片对象,在【属性】窗口中单击【切换尺寸约束】按钮并设置图片的宽度跟高度,如图 3-4 所示。

6.在插入的图片后按回车键再次建立一个空白段落。选择【插入】|【图像】|【鼠标经过图像】菜单命令,如图 3-5 所示。

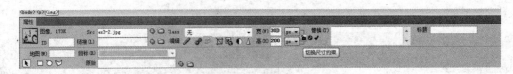

图 3-4　设置图片

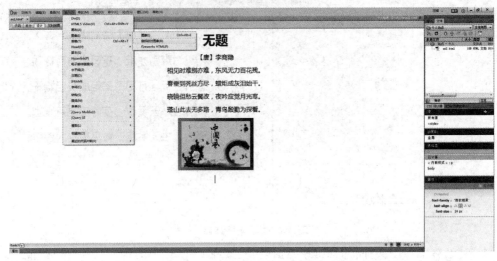

图 3-5　【鼠标经过图像】菜单

7.在弹出的【插入鼠标经过图像】对话框中,单击【原始图像】文本框右侧的【浏览】按钮,在弹出的【原始图像】对话框中选择鼠标经过前的图像文件"ex3-3.jpg",如图 3-6 所示。

图 3-6　选择原始图像

8.单击【鼠标经过图像】文本框右侧的【浏览】按钮,在弹出的【鼠标经过图像】对话框中选择鼠标经过前的图像文件"ex3-4.jpg",如图3-7所示。

图3-7　选择鼠标经过图像

9.单击【确定】按钮,然后单击工具栏中的【实时视图】按钮,如图3-8所示。

图3-8　单击【确定】按钮

10.保存网页,【实时视图】下的效果如图3-9所示。

图 3-9　鼠标经过后的效果

【思考与练习】

　　1.网页支持添加哪些格式的图像？

　　2.鼠标经过图像的大小应该如何设置？

实验四　添加多媒体

【实验目的】

- 了解和掌握如何在网页中插入音频并设置。
- 了解和掌握如何在网页中插入视频并设置。
- 了解和掌握如何在网页中插入 Flash 并设置。

【实验内容与步骤】

1.启动 Dreamweaver CC,打开实验三所做的 ex2.html 网页。

2.选择【插入】|【媒体】|【HTML5 Audio(A)】菜单命令,如图 4-1 所示。

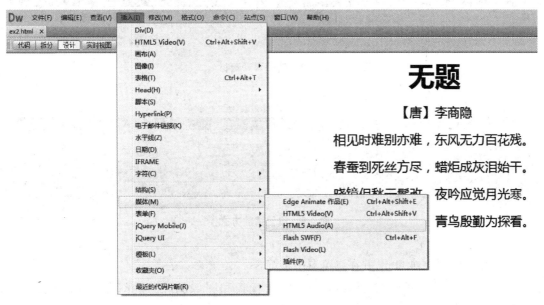

图 4-1　插入音频

3.选择插入的音频图标,在【属性】面板中单击【源】右侧的【浏览】按钮,选择实验文件夹"ex4"中的音频素材"bg.mp3",如图 4-2 所示。

4.单击【确定】按钮,并将素材复制到站点根目录后,在【属性】面板中设置该音频的播放方式为【Autoplay】,将音频设置为网页背景音乐,如图 4-3 所示。

图 4-2　选择音频素材

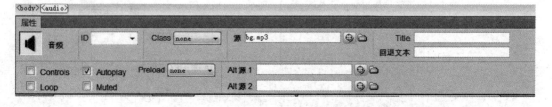

图 4-3　设置播放方式

5.保存网页为 ex4.html,并在浏览器中预览。

6.按键盘中的 Delete 键,将 ex4.html 中的音频和图像删除,选择【插入】|【媒体】|【HTML5 Video(V)】菜单命令,如图 4-4 所示。

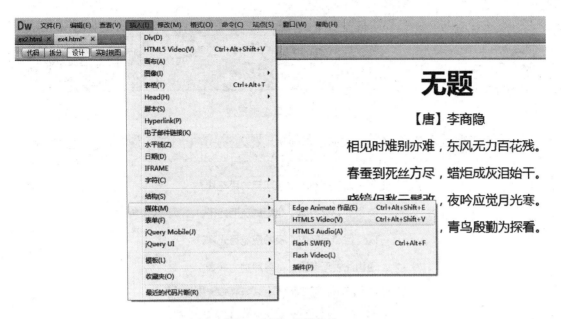

图 4-4　插入视频菜单

7.在【属性】面板中单击【源】右侧的【浏览】按钮,在弹出的【选择视频】对话框中选择实验文件夹"ex4"中的视频素材"ganxie.mp4",如图 4-5 所示。

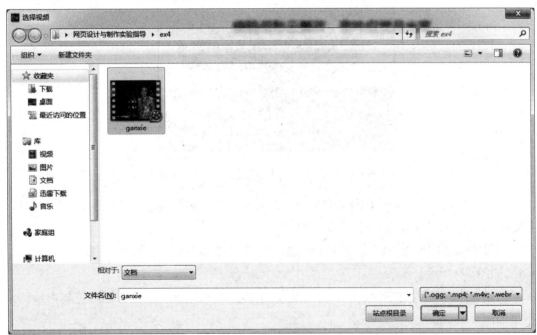

图 4-5　选择视频

8.单击【确定】按钮,并将视频素材复制到站点根目录,然后在【属性】面板中设置视频高度跟宽度,如图 4-6 所示。

9.保存网页为 ex4.html,并在浏览器中预览,效果如图 4-7 所示。

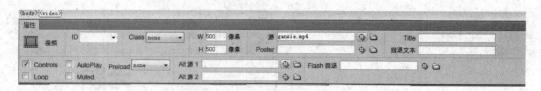

图 4-6 设置视频属性

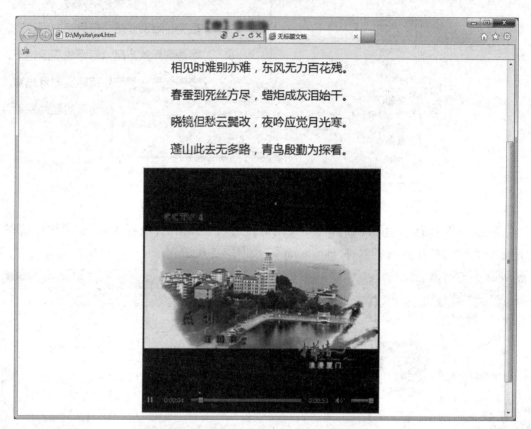

相见时难别亦难，东风无力百花残。

春蚕到死丝方尽，蜡炬成灰泪始干。

晓镜但愁云鬓改，夜吟应觉月光寒。

蓬山此去无多路，青鸟殷勤为探看。

图 4-7 插入视频效果

10.按回车键，在 ex4.html 网页的视频下方新建一个空白段落。选择【插入】|【媒体】|【Flash SWF(F)】菜单命令，如图 4-8 所示。

11.在弹出的【选择 SWF】对话框中选择实验文件夹"ex4"中的 SWF 素材"自行车.swf"，如图 4-9 所示。

12.单击【确定】按钮，并将 SWF 素材复制到站点根目录，保存网页并在浏览器中预览，效果如图 4-10 所示。

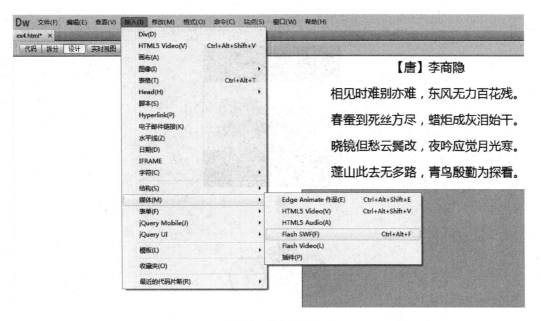

图 4-8　插入 SWF

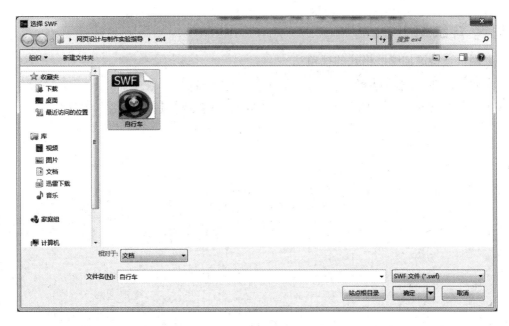

图 4-9　选择 SWF 素材

图 4-10　插入 SWF 效果

【思考与练习】

1.网页支持添加哪些格式的视频？

2.如何添加 Flash Video？

3.哪些类型的文件添加进网页需要使用【插入】|【媒体】|【插件】菜单命令？

实验五　设置超链接(一)

【实验目的】

- 了解和掌握如何在网页中添加文本超链接。
- 了解和掌握如何在网页中添加图像超链接。
- 了解和掌握如何在网页中添加热点超链接。
- 了解和掌握如何在网页中添加 E-mail 链接。

【实验内容与步骤】

一、制作文本超链接

1.启动 Dreamweaver CC,打开实验四所做的 ex2.html 网页,删除插入的视频,并将网页另存为 ex5.html。

2.在 ex5.html 中输入需要设置超连接的文字,如图 5-1 所示。

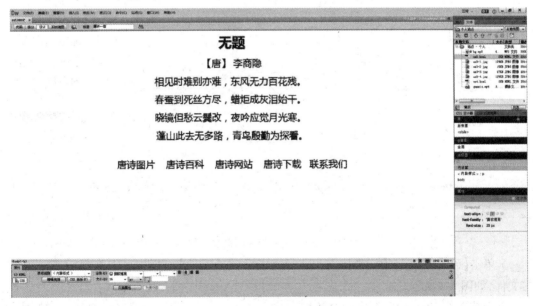

图 5-1　输入超链接文字

3.选择网页中的【唐诗图片】文本,并选择【属性】面板中的【HTML】,如图 5-2 所示。

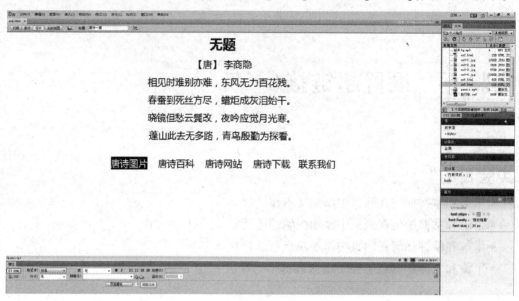

图 5-2　选择超链接文字

4.单击【链接】后的【浏览文件】按钮,在打开的【选择文件】对话框中选择实验文件夹"ex5"中的图片素材"ts.jpg",如图 5-3 所示。

图 5-3　选择图片作为超链接对象

5.单击【确定】按钮,指定链接对象路径完成后,在【属性】面板中可查看到所选择的链接文件,如图 5-4 所示。

6.保存文件,并在浏览器中预览效果,如图 5-5 所示。

7.选择网页中的【唐诗百科】文本,并单击【属性】面板【链接】后的【浏览文件】按钮,在

图 5-4 链接对象路径

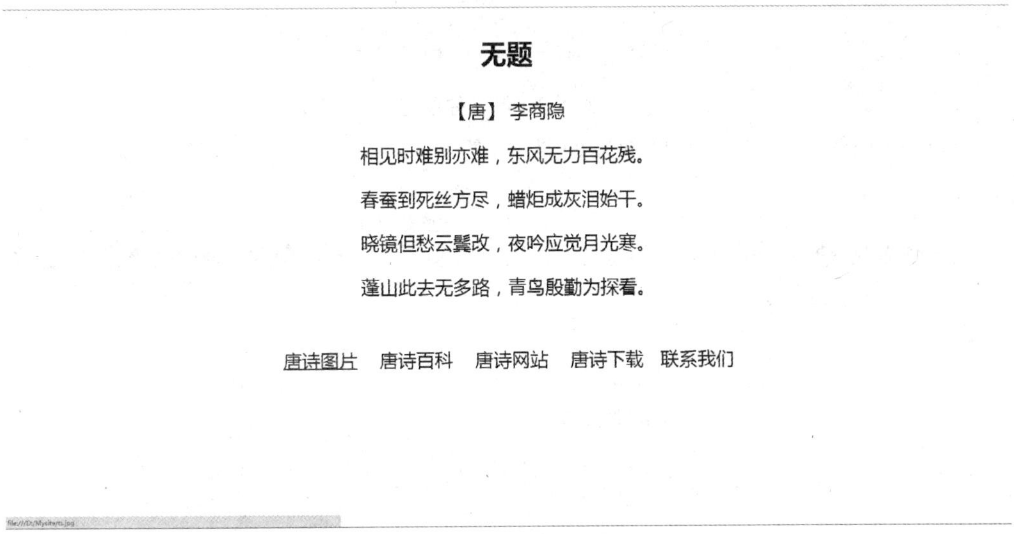

无题

【唐】李商隐

相见时难别亦难，东风无力百花残。

春蚕到死丝方尽，蜡炬成灰泪始干。

晓镜但愁云鬓改，夜吟应觉月光寒。

蓬山此去无多路，青鸟殷勤为探看。

唐诗图片　唐诗百科　唐诗网站　唐诗下载　联系我们

file:///D:/MyMemt/s.jpg

图 5-5 图片链接效果

打开的【选择文件】对话框中选择实验文件夹"ex5"中的网页素材"唐诗百科.html"文件，如图 5-6 所示。

图 5-6 选择链接的网页素材

8.单击【确定】按钮，指定链接对象路径完成后，在【属性】面板中可查看到所选择的链接文件，保存文件，并在浏览器中预览效果，如图 5-7 所示。

无题

【唐】李商隐

相见时难别亦难，东风无力百花残。

春蚕到死丝方尽，蜡炬成灰泪始干。

晓镜但愁云鬓改，夜吟应觉月光寒。

蓬山此去无多路，青鸟殷勤为探看。

唐诗图片　唐诗百科　唐诗网站　唐诗下载　联系我们

图 5-7　保存并预览

9.单击【唐诗百科】链接后的效果如图 5-8 所示。

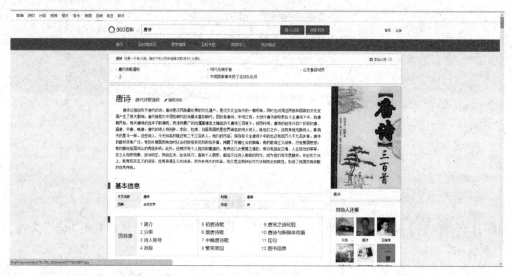

图 5-8　网页素材链接效果

10.选择网页中的【唐诗网站】文本,并在【属性】面板【链接】后面的文本框中输入文字链接的网址:http://www.gudianwenxue.com/tangshi/,并按回车键确定,如图 5-9 所示。

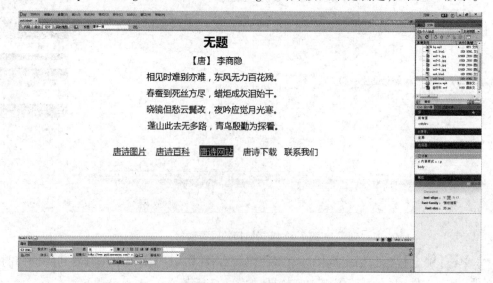

图 5-9　文字直接链接网址

11.保存文件,并在浏览器中预览效果,单击【唐诗网站】文字链接后的效果如图 5-10 所示。

图 5-10　链接到网页的效果

12.选择网页中的【唐诗下载】文本,并单击【属性】面板【链接】后的【浏览文件】按钮,在打开的【选择文件】对话框中选择实验文件夹"ex5"中的压缩文件素材"诗.rar"文件,如图 5-11 所示。

图 5-11　选择压缩文件素材

13.单击【确定】按钮,指定链接对象的路径后,在【属性】面板中可查看到所选择的链接文件,保存文件,如图 5-12 所示。

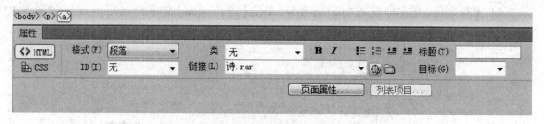

图 5-12 设置下载文件

14.在浏览器中预览效果,单击【唐诗下载】文字链接后的效果如图 5-13 所示。

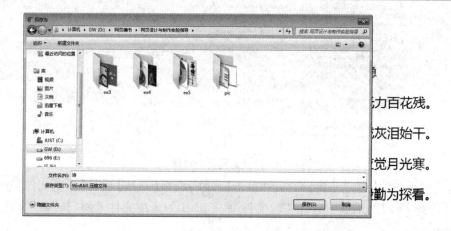

唐诗图片　唐诗百科　唐诗网站　唐诗下载　联系我们

图 5-13 文字下载链接效果

15.选择网页中的【联系我们】文本,并选择菜单栏【插入】|【电子邮件链接】菜单命令,如图 5-14 所示。

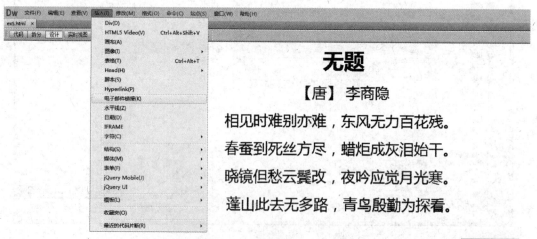

图 5-14 选择插入电子邮件链接菜单

16.在弹出的【电子邮件链接】对话框的【电子邮件】文本框中输入电子邮箱地址：stu2016@126.com，如图5-15所示。

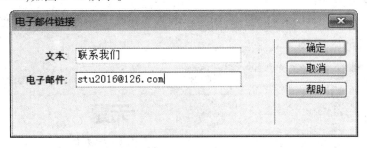

图5-15　输入电子邮箱地址

17.单击【确定】按钮，即可为选择的【联系我们】文本添加电子邮件链接，如图5-16所示。

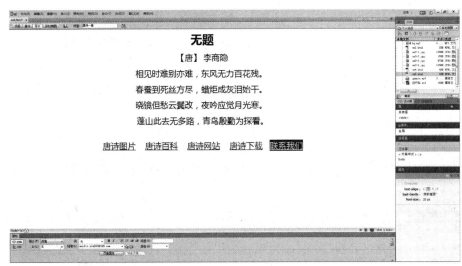

图5-16　设置电子邮件链接

18.保存网页，并在浏览器中预览效果，如图5-17所示。

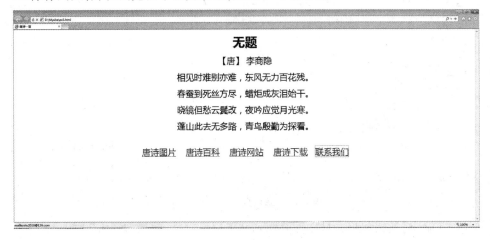

图5-17　预览效果

二、制作图像链接

1.在【联系我们】文字后按回车键,新建一个空白段落。选择【插入】|【图像】|【图像】
菜单命令,如图 5-18 所示。

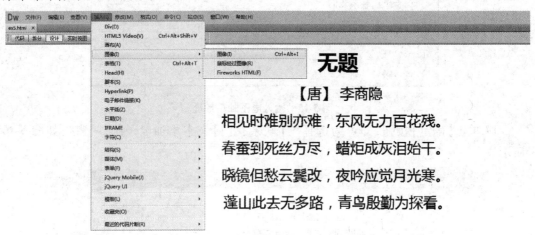

图 5-18 选择插入图像菜单

2.在【选择图像源文件】对话框中,选择实验文件夹"ex5"中的素材图片"pic1.jpg",如
图 5-19 所示。

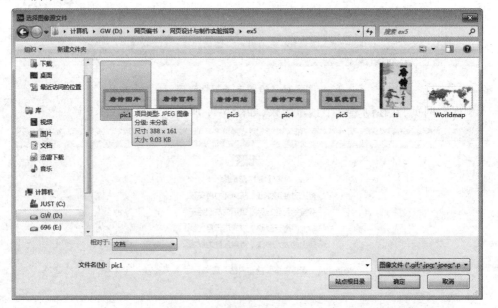

图 5-19 选择插入的图片素材

3.单击【确定】按钮并将素材文件复制到站点根目录后,效果如图 5-20 所示。

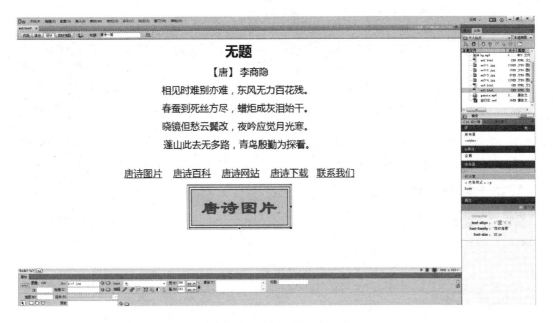

图5-20 插入图片后的效果

4.重复步骤1—步骤3,依次将实验文件夹"ex5"中的素材图片"pic2.jpg""pic3.jpg""pic4.jpg""pic5.jpg"添加进网页中,如图5-21所示。

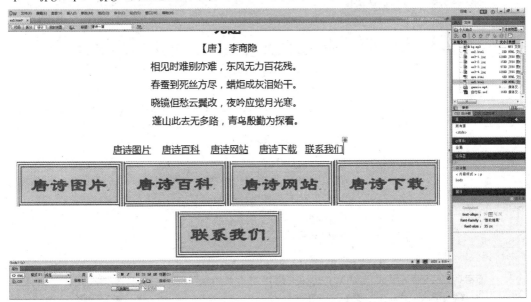

图5-21 依次插入素材图

5.选择网页中的【唐诗图片】图像,单击【属性】面板的【链接】后的【浏览文件】按钮,在打开的【选择文件】对话框中选择实验文件夹"ex5"中的图片素材"ts.jpg",如图5-22所示。

6.单击【确定】按钮,指定链接对象的路径后,在【属性】面板中可查看到所选择的链接文件,如图5-23所示。

7.保存文件,并在浏览器中预览效果,如图5-24所示。

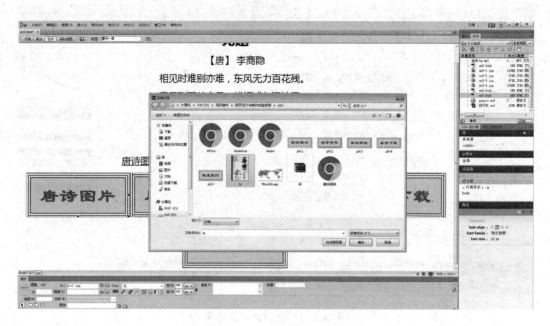

图 5-22　选择图片作为超链接对象

图 5-23　链接对象路径

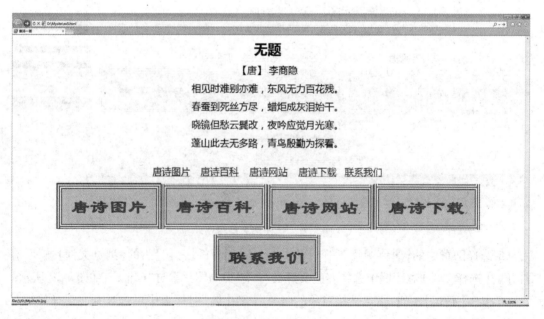

图 5-24　图片链接效果

8.选择网页中的【唐诗百科】图像,并单击【属性】面板的【链接】后的【浏览文件】按钮,在打开的【选择文件】对话框中选择实验文件夹"ex5"中的网页素材"唐诗百科.html"文件,如图 5-25 所示。

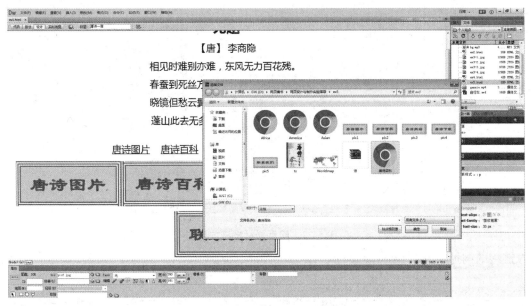

图 5-25　选择链接的网页素材

9.单击【确定】按钮,指定链接对象的路径后,在【属性】面板中可查看到所选择的链接文件,保存文件,并在浏览器中预览效果,如图 5-26 所示。

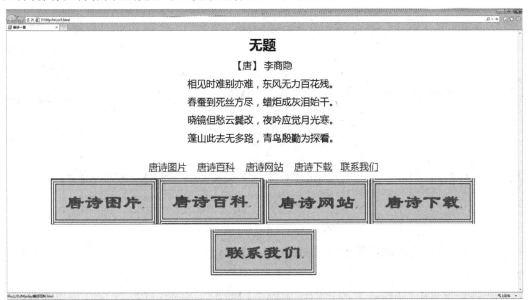

图 5-26　保存并预览

10.单击【唐诗百科】图片后,链接效果如图 5-27 所示。

11.选择网页中的【唐诗网站】图像,并在【属性】面板的【链接】后面的文本框中输入图

图 5-27　网页素材链接效果

像链接的网址：http://www.gudianwenxue.com/tangshi/，并按回车键确定，如图 5-28 所示。

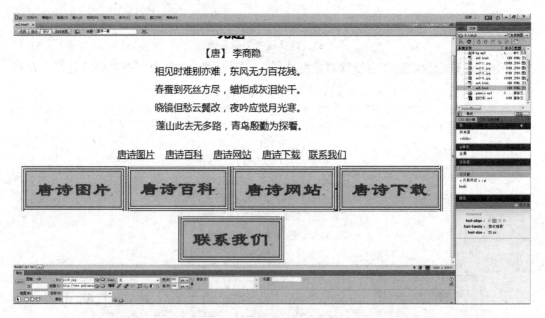

图 5-28　图片直接链接网址

12.保存文件，并在浏览器中预览效果，单击【唐诗网站】文字链接后的效果如图 5-29 所示。

13.选择网页中的【唐诗下载】图片，并单击【属性】面板的【链接】后的【浏览文件】按钮，在打开的【选择文件】对话框中选择实验文件夹"ex5"中的压缩文件素材"诗.rar"文件，如图 5-30 所示。

14.单击【确定】按钮，指定链接对象的路径后，在【属性】面板中可查看到所选择的链接

图 5-29　链接到网页的效果

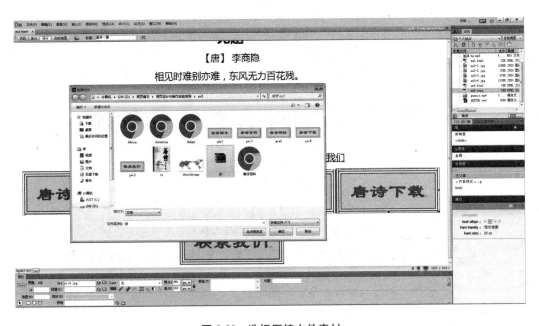

图 5-30　选择压缩文件素材

文件,保存文件,如图 5-31 所示。

　　15.在浏览器中预览效果,单击【唐诗下载】文字链接后的效果如图 5-32 所示。

　　16.选择网页中的【联系我们】图像,并在【属性】面板的【链接】后面的文本框中输入电子邮件链接地址:mailto:stu2016@126.com,并按回车键确定,如图 5-33 所示。

　　17.保存网页,并在浏览器中预览效果,如图 5-34 所示。

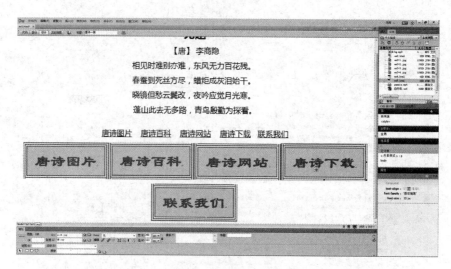

图 5-31　设置下载文件

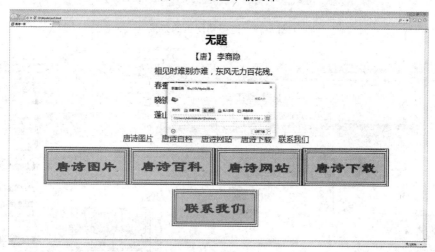

图 5-32　文字下载链接效果

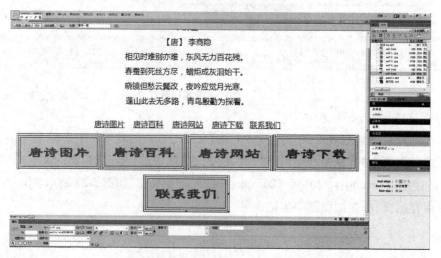

图 5-33　设置图片电子邮件链接

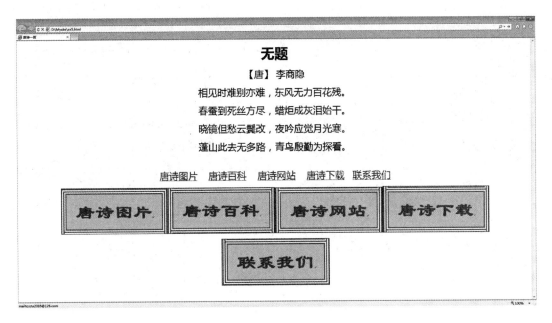

图 5-34　图像电子邮件链接效果

三、设置图像热点链接

1.关闭 ex5.html 网页,选择【文件】|【新建】菜单命令,在【新建文档】对话框中创建一个空白 HTML 文件,保存为"ex52.html",如图 5-35 所示。

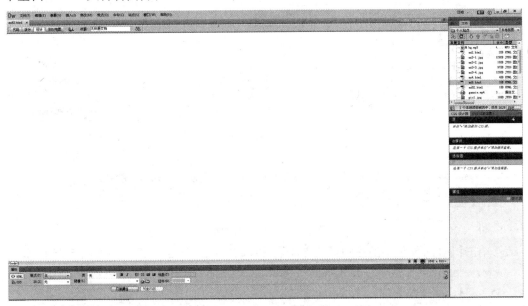

图 5-35　新建空白网页

2.选择【插入】|【图像】|【图像】菜单命令,在【选择图像源文件】对话框中选择实验文件夹"ex5"中的图片素材"worldmap.jpg",并将素材文件复制到站点根目录,如图 5-36 所示。

图 5-36 插入图片

3.选择插入网页中的图片,在【属性】面板中调整图片的【高度】和【宽度】,调整后的效果,如图 5-37 所示。

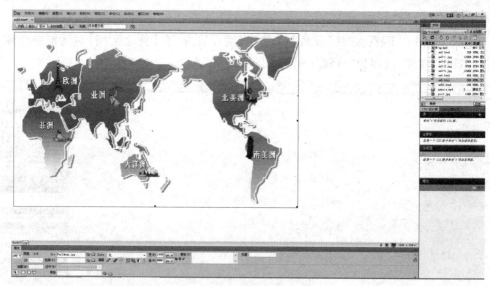

图 5-37 调整图片大小

4.单击【属性】面板中的多边形热点绘制按钮【Polygon Hotspot Tool】,如图 5-38 所示。

图 5-38 选择多边形热点绘制按钮

5.在图片素材的亚洲部分任意边界单击选取一个起点,然后沿边界依次单击若干次鼠标左键,将图片素材中的亚洲部分覆盖,如图 5-39 所示。

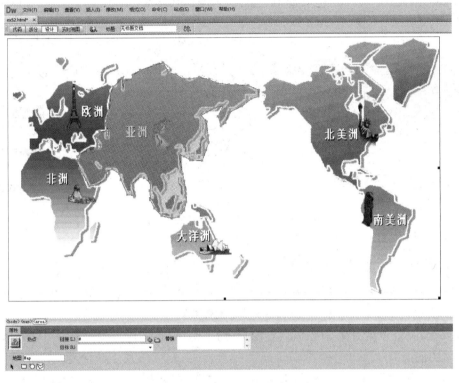

图 5-39　使用鼠标绘制热点区域

6.按键盘中的 Esc 键退出热点绘制状态,单击【属性】面板的【链接】后的【浏览文件】按钮,在打开的【选择文件】对话框中选择实验文件夹"ex5"中的网页素材"Asian.html"文件,如图 5-40 所示。

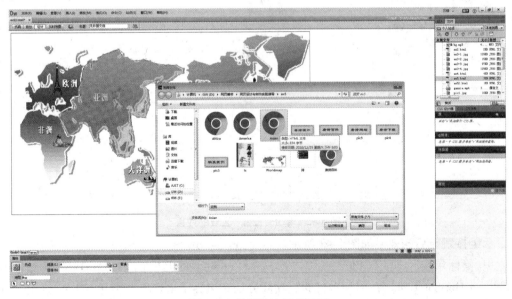

图 5-40　选择热点链接网页

7. 单击【确定】按钮,指定热点链接对象的路径后,在【属性】面板中可查看到所选择的链接文件,如图 5-41 所示。

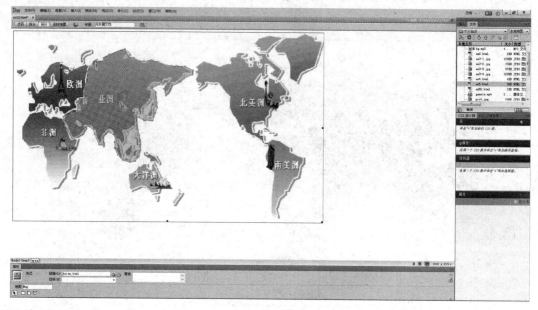

图 5-41　链接目标

8. 保存网页,并在浏览器中预览,在图片中"亚洲"区域的任意位置单击鼠标左键,效果如图 5-42 所示。

图 5-42　单击"亚洲"区域的效果

9. 链接跳转后的效果如图 5-43 所示。

10. 鼠标单击网页空白位置后,再次选择【属性】面板中的多边形热点绘制按钮【Polygon Hotspot Tool】,在图片素材的美洲部分任意边界单击选取一个起点,然后沿边界依

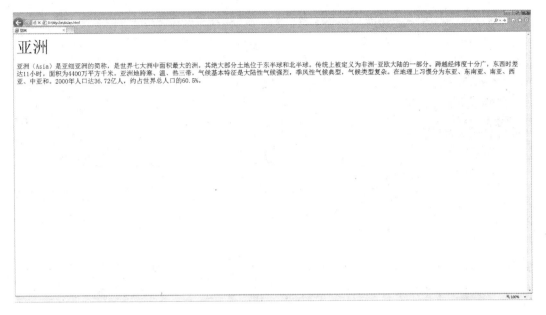

图 5-43　链接效果

次单击若干次鼠标左键，将图片素材中的美洲部分覆盖，绘制好后按键盘中的 Esc 键退出热点绘制状态，如图 5-44 所示。

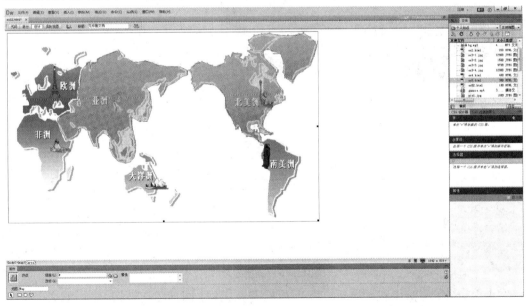

图 5-44　绘制热点

11.单击【属性】面板的【链接】后的【浏览文件】按钮，在打开的【选择文件】对话框中选择实验文件夹"ex5"中的网页素材"America.html"文件，如图 5-45 所示。

12.保存网页，并在浏览器中预览效果，如图 5-46 所示。

13.按以上的步骤将非洲区域同样设置热点区域，并链接实验文件夹"ex5"中的网页素材"Africa.html"文件。

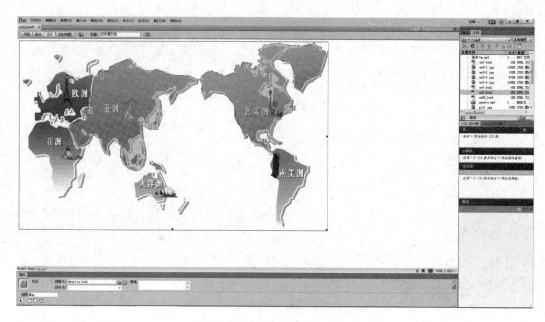

图 5-45　设置热点链接文件

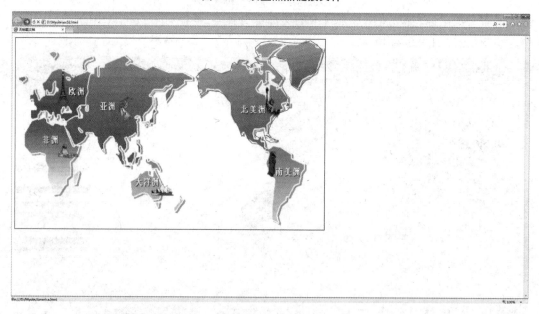

图 5-46　链接效果

14.用同样的方法绘制大洋洲的热点区域,并在【属性】面板的【链接】后面的文本框中输入热点链接的网址:http://baike.so.com/doc/1774156-1876186.html,并按回车键确定,如图 5-47 所示。

15.保存网页,并在浏览器中预览,单击大洋洲链接后,效果如图 5-48 所示。

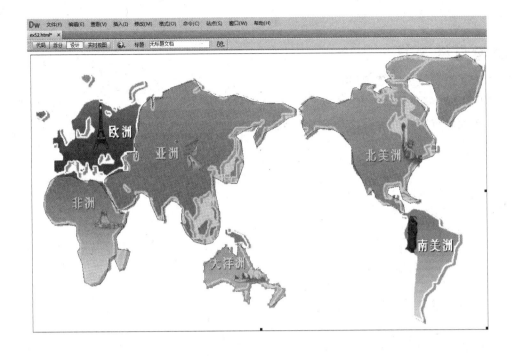

图 5-47　设置大洋洲网址链接

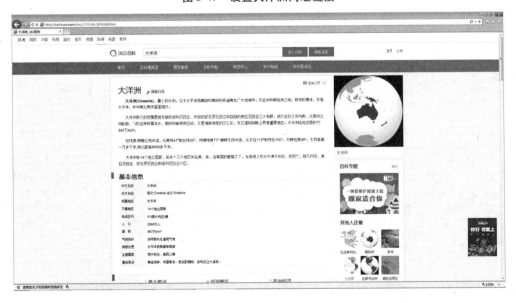

图 5-48　链接效果

【思考与练习】

1.文字超链接可以链接到哪些对象？

2.除了文字和图像，还有哪些对象可以链接超链接？

3.图像热点链接可以设置电子邮件链接吗？

实验六　设置超链接(二)

【实验目的】

- 了解和掌握如何在网页中添加锚记链接。
- 了解和掌握如何在网页中添加空链接。

【实验内容与步骤】

1.启动 Dreamweaver CC,选择【文件】|【新建】菜单命令,在【新建文档】对话框中创建一个空白 HTML 文件,并输入实验文件夹"ex6"的文字素材"七言古诗素材.txt"中的内容,保存为"ex6.html",如图 6-1 所示。

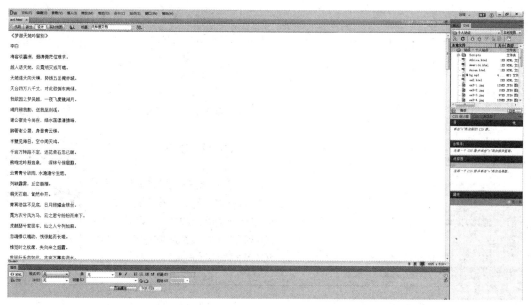

图 6-1　新建文件并输入文字

2.在网页最上方添加 5 首古诗的名字,并对网页文字进行编辑,如图 6-2 所示。

3.将光标置于第一首古诗《梦游天姥吟留别》左边,单击文档窗口左上方的【拆分】按钮,如图 6-3 所示。

4.在拆分视图左侧的代码窗口中的光标所在位置,输入"<a name="gs1"></a>",建立第一个锚记 gs1,如图 6-4 所示。

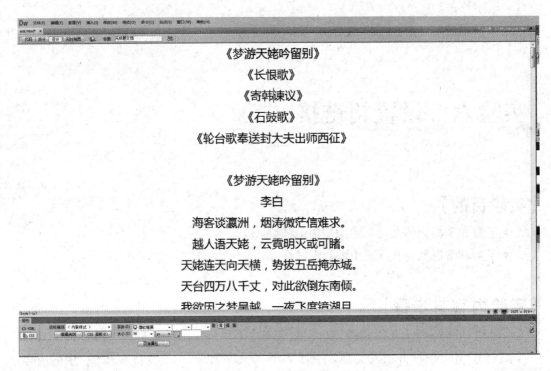

图 6-2　编辑网页文字

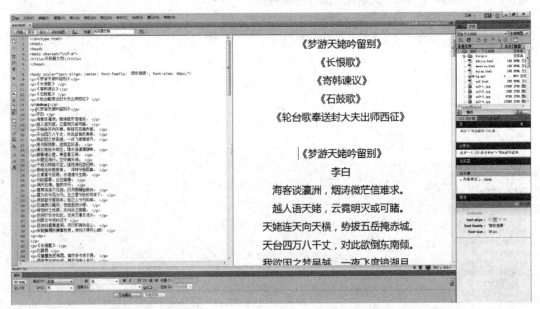

图 6-3　选择拆分视图

5.单击文档窗口左上方的【设计】按钮,返回【设计】视图,在光标所在位置已经建立一个锚记,如图 6-5 所示。

6.依次重复步骤 3—步骤 5 的操作,分别在剩下的 4 首古诗正文标题左边建立锚记gs2、gs3、gs4、gs5,如图 6-6 所示。

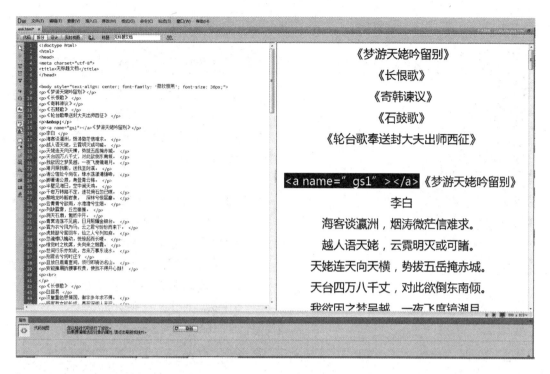

图 6-4　输入代码

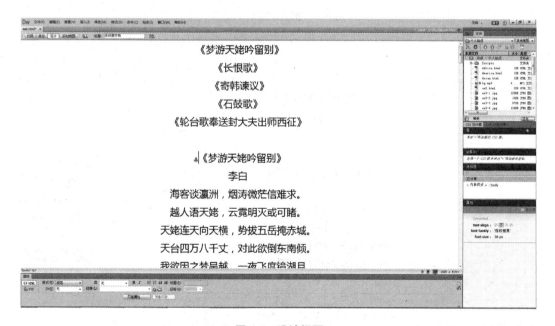

图 6-5　设计视图

7.选择网页第一行文字【梦游天姥吟留别】,在【属性】面板的【链接】右边的文本框中输入"#gs1",并按键盘中的回车键确定,如图 6-7 所示。

8.按步骤 7 的操作,依次设置剩下的 4 行标题的链接文字链接到锚记 gs2—gs5,如图 6-8 所示。

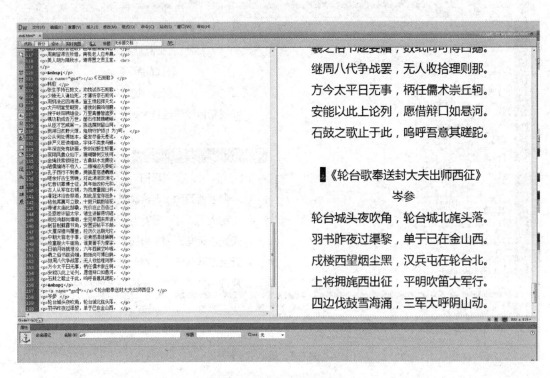

图 6-6　依次建立剩下锚记

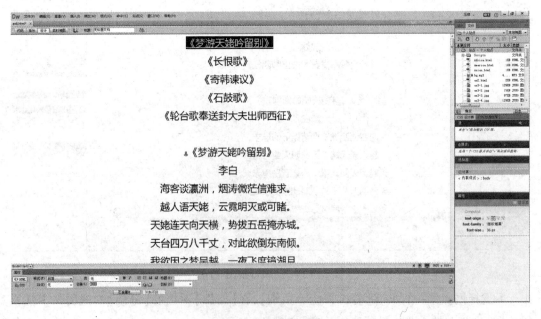

图 6-7　设置锚记链接

9.保存网页,并在浏览器中预览,单击链接文字"《寄韩谏议》"后的效果如图6-9所示。

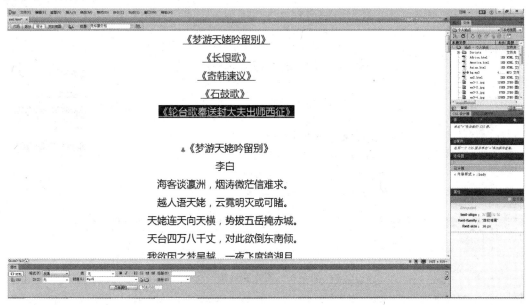

图6-8 设置剩下的锚记链接

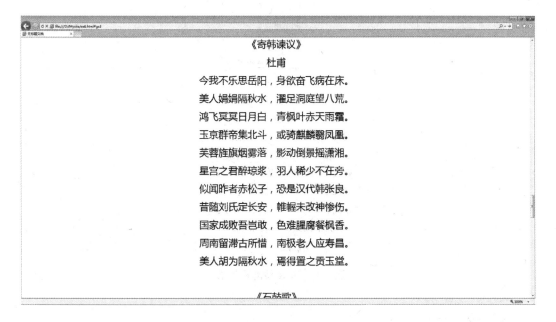

图6-9 浏览单击链接效果

10.选择网页文字"李白",在【属性】面板【链接】右边的文本框中输入"#",并按键盘中的回车键确定,如图6-10所示。

11.链接设置完成后,保存文件,并在浏览器中预览,效果如图6-11所示。

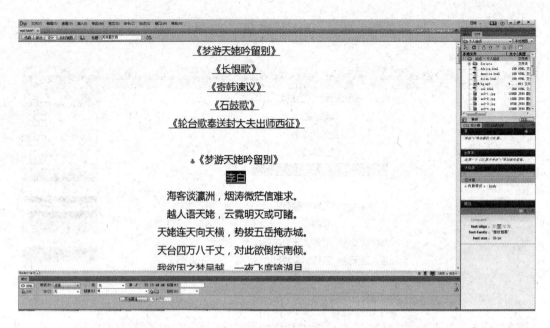

图 6-10　建立空链接

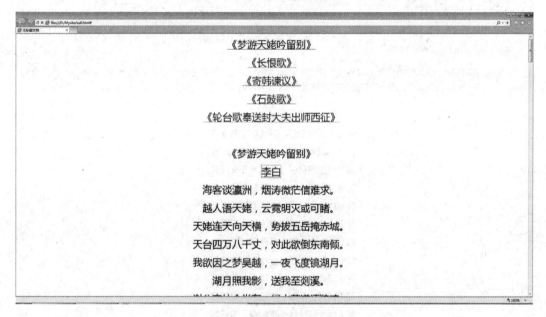

图 6-11　空链接浏览效果

【思考与练习】

1.锚记链接跟文字、图像链接有什么异同？

2.空链接的作用是什么？

实验七　使用表格布局网页

【实验目的】

- 了解和掌握如何利用表格布局网页。
- 了解和掌握对网页中的表格进行设置。

【实验内容与步骤】

1.启动 Dreamweaver CC 软件,选择【文件】|【新建】菜单命令,在【新建文档】对话框中创建一个空白 HTML 文件,保存网页并命名为"ex7.html",如图 7-1 所示。

图 7-1　新建实验网页

2.选择【插入】|【表格】菜单命令,如图 7-2 所示。

3.在弹出的【表格】对话框中设置表格的【行数】、【列】和【表格宽度】,如图 7-3 所示。

4.设置完成后,单击【确定】按钮,将光标置于第 1 行单元格中,选择【插入】|【媒体】|【插件】菜单命令,如图 7-4 所示。

网
页
设
计
与
制
作
实
验
指
导

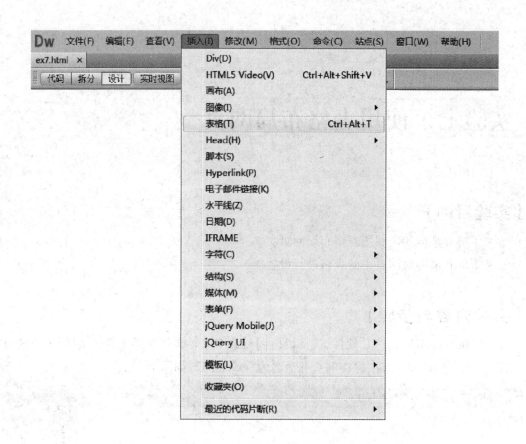

图 7-2　插入表格菜单

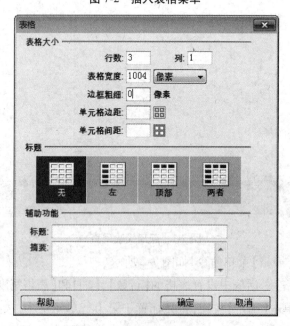

图 7-3　设置表格参数

5.在弹出的【选择文件】对话框中,选择实验文件夹"ex7"中的"top.swf"动画素材文件,

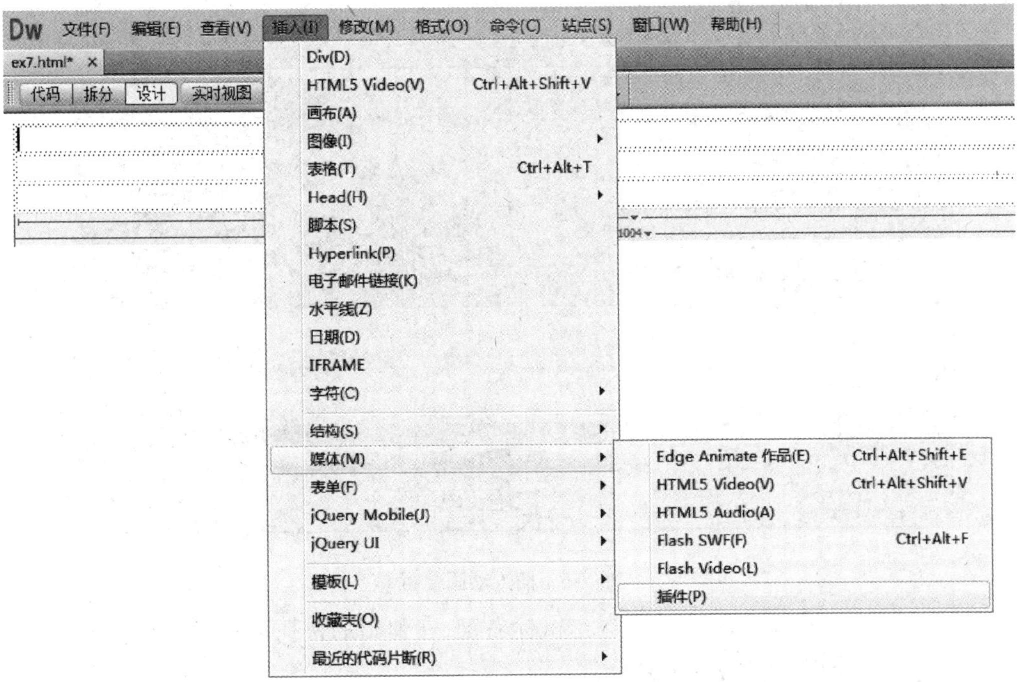

图 7-4　插入插件菜单

如图 7-5 所示。

图 7-5　选择动画素材

6.单击【确定】按钮,即可将选中的素材文件插入单元格中,保持其默认参数即可,效果如图 7-6 所示。

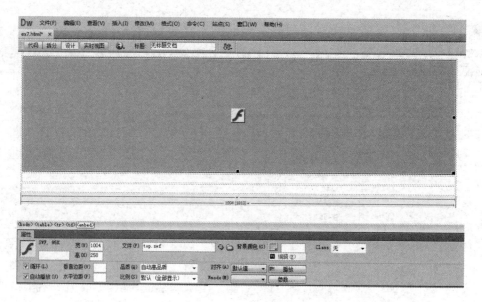

图 7-6　插入动画素材

7.将光标置于第 2 行单元格中,单击鼠标右键,在弹出的快捷菜单中选择【表格】|【拆分单元格】菜单命令,如图 7-7 所示。

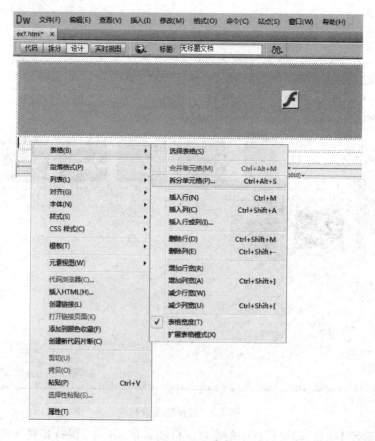

图 7-7　拆分单元格命令

8.在弹出的【拆分单元格】对话框中,将选定单元格拆分成13列,如图7-8所示。

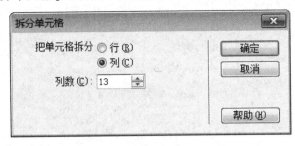

图7-8 拆分列

9.设置完成后,单击【确定】按钮,在拆分后的单元格中输入文字,如图7-9所示。

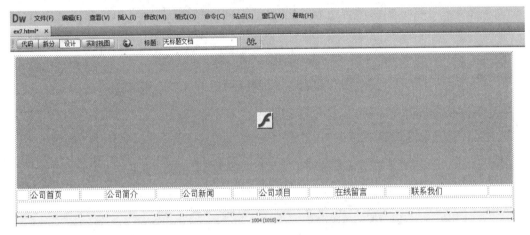

图7-9 输入文字

10.选中第二行的单元格,并单击鼠标右键,在弹出的快捷菜单中选择【CSS 样式】|【新建】菜单命令,如图7-10所示。

11.在弹出的【新建 CSS 规则】对话框中,设置【选择器名称】为"dhwz",效果如图7-11所示。

12.设置完成后,单击【确定】按钮,在弹出的【CSS 规则定义】对话框中,设置【类型】中的【Color】值为"#FFF",效果如图7-12所示。

13.再在该对话框中选择【分类】列表框中的【区块】选项,将【Text-align】设置为"center",如图7-13所示。

14.设置完成后,单击【确定】按钮,选中第2行的文字,并在【属性】面板中应用该样式,如图7-14所示。

15.在【属性】面板中调整第2行各个单元格的【宽】,并将【高】设置为"35",将背景颜色设置为"#006633",效果如图7-15所示。

16.将光标置于第3行单元格中,单击文档视图的【拆分】按钮,并在代码窗口将光标置于"td"右侧,按键盘中的空格键,在弹出的快捷菜单中选择【background】选项,如图7-16所示。

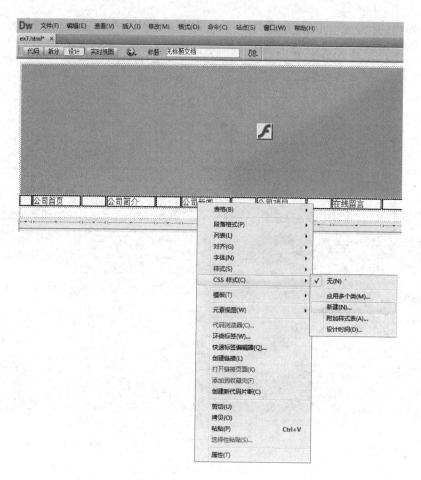

图 7-10　选择【新建】命令

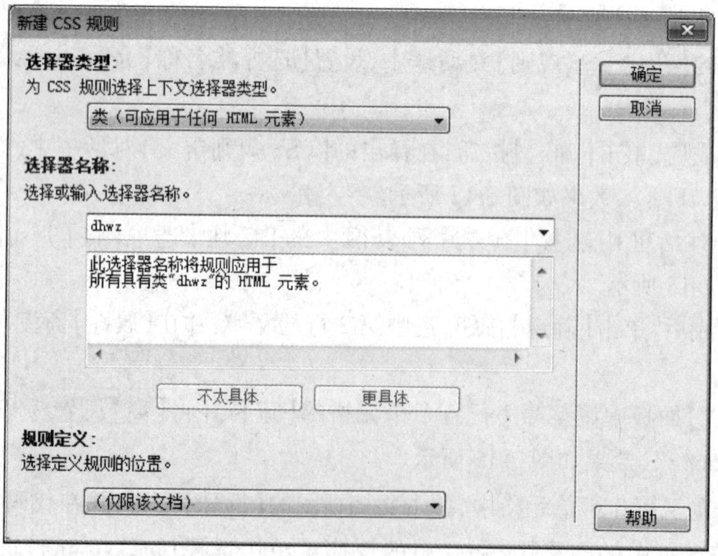

图 7-11　输入选择器名字

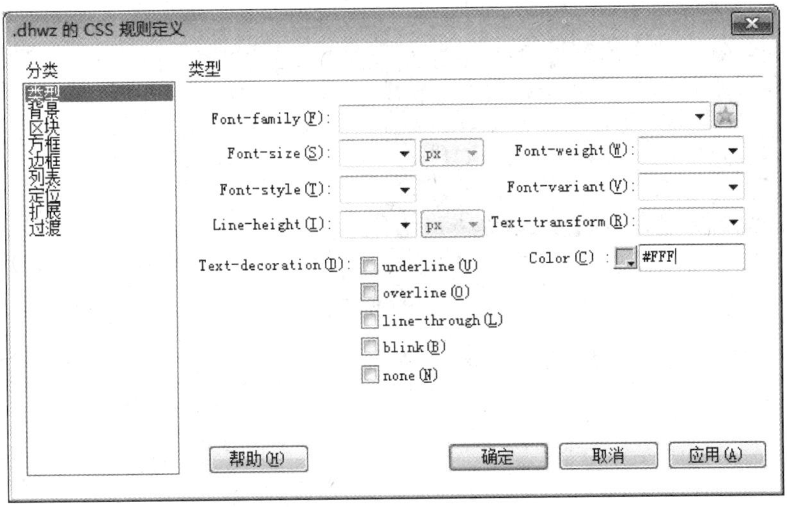

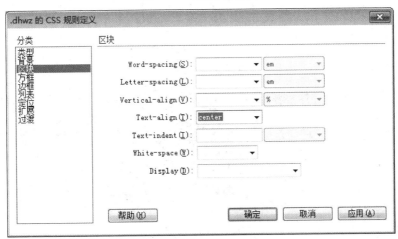

图 7-12　设置字体颜色

图 7-13　设置文字对齐方式

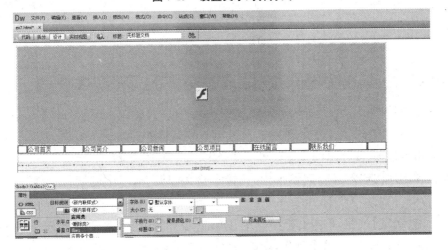

图 7-14　应用文字样式

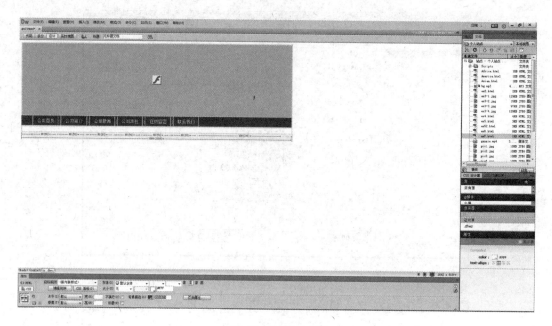

图 7-15　设置单元格

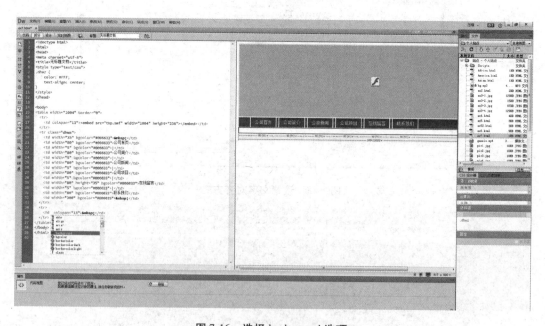

图 7-16　选择 background 选项

17.双击该选项,在弹出的快捷菜单中选择【浏览】选项,如图 7-17 所示。

18.在弹出的【选择文件】对话框中,选择实验文件夹"ex7"中的素材文件"bg.jpg",如图 7-18 所示。

19.单击【确定】按钮,单击文档窗口左上角的【设计】按钮,继续将光标置于第 3 行单元格中,在【属性】面板中将【高】设为"379",如图 7-19 所示。

20.选择【插入】|【表格】菜单命令,在弹出的【表格】对话框中设置表格的行数、列数和

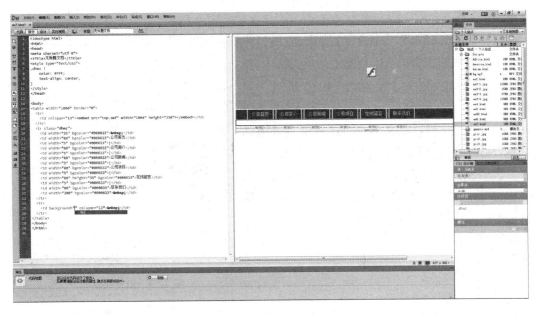

图 7-17 选择【浏览】

图 7-18 选择素材文件

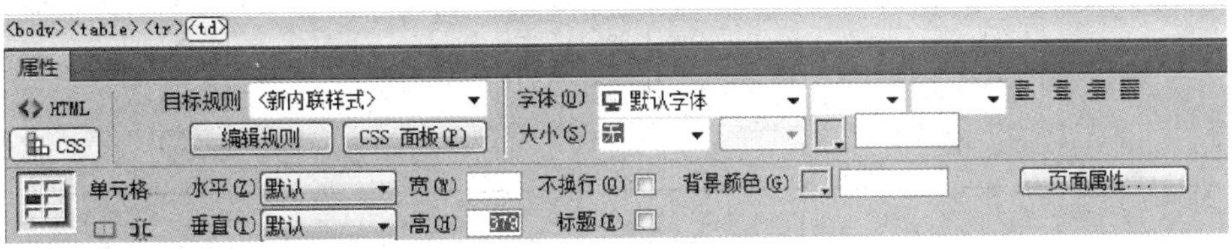

图 7-19 设置单元格高度

宽度,如图 7-20 所示。

21.设置完成后,单击【确定】按钮,然后将光标置于新插入的表格的第 1 行第 1 列单元格中,在【属性】面板中将【高】设置为"40",如图 7-21所示。

22.设置完成后,在文档窗口用鼠标左键拖动调整表格的宽度,调整后的效果如图 7-22 所示。

23.在第 1 行第 2 列和第 4 列单元格中输入文字,选择输入的文字并单击鼠标右键,在弹出的快捷菜单中选择【CSS 样式】|【新建】菜单命令,如图7-23 所示。

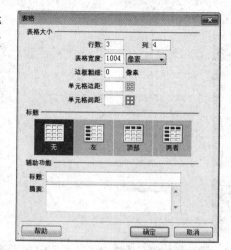

图 7-20　设置表格参数

图 7-21　设置单元格高度

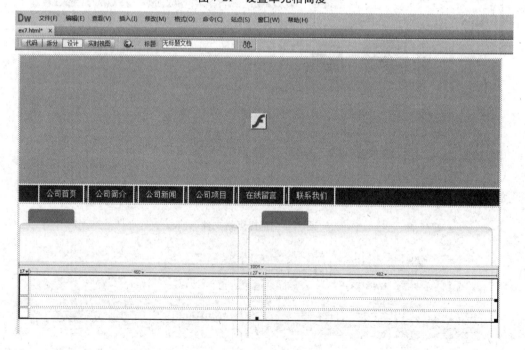

图 7-22　调整表格宽度

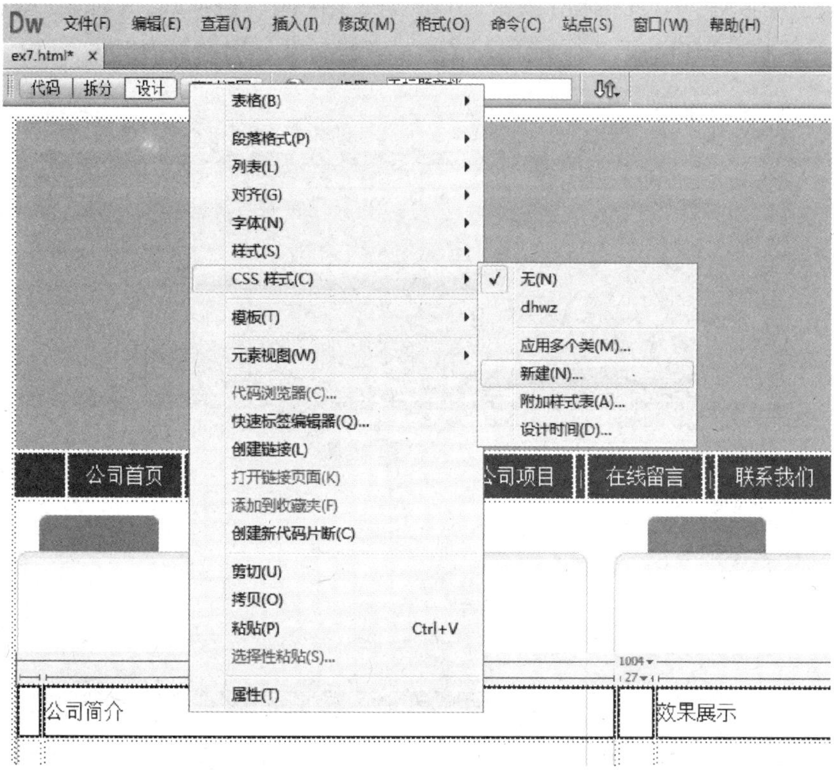

图 7-23　选择【新建】命令

24.在弹出的【新建 CSS 规则】对话框中,设置【选择器名称】为"wz1",单击【确定】按钮;在弹出的【CSS 规则定义】对话框中,将【类型】中的【Font-size】设置为"18",将【Font-weight】设置为"bold",将【Color】设置为"#FFF",效果如图 7-24 所示。

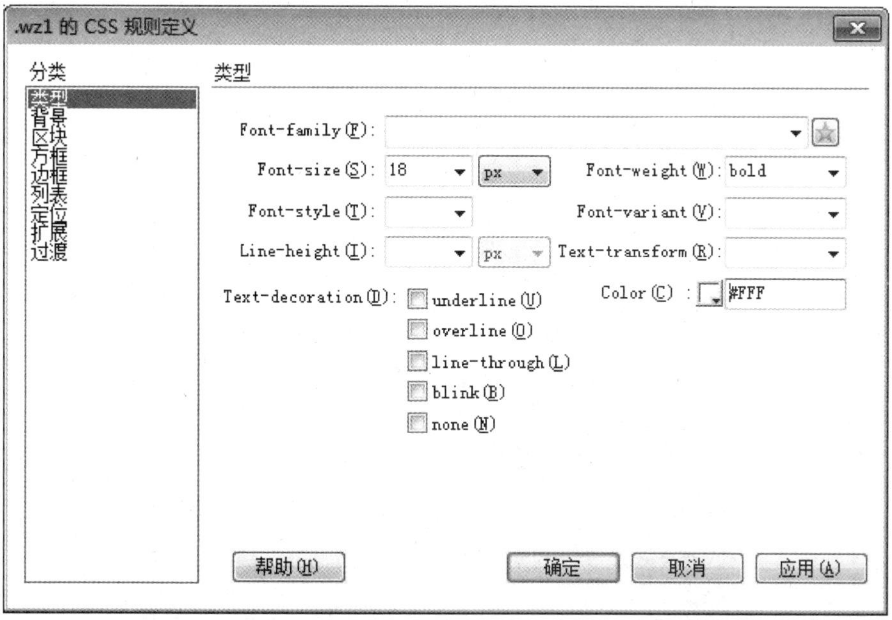

图 7-24　设置文字格式

27.将光标置于合并后的单元格中,选择【插入】|【表格】菜单命令,在弹出的【表格】对话框中,设置新插入表格的【行数】、【列】、【表格宽度】和【单元格边距】,如图7-27所示。

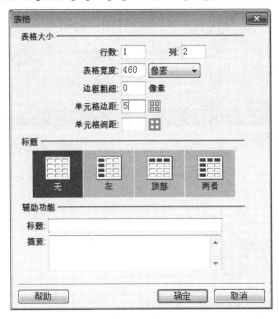

图7-27　设置表格参数

28.设置完成后,单击【确定】按钮,将光标置于新插入表格的第1列单元格中,选择【插入】|【图像】|【图像】菜单命令,在弹出的【选择图像源文件】对话框中选择实验文件夹"ex7"中的素材文件"pic1.jpg",如图7-28所示。

图7-28　插入图像素材

29.单击【确定】按钮,将素材插入单元格中,然后在【属性】面板中设置该图片的【宽】和【高】分别为"151"和"218",如图 7-29 所示。

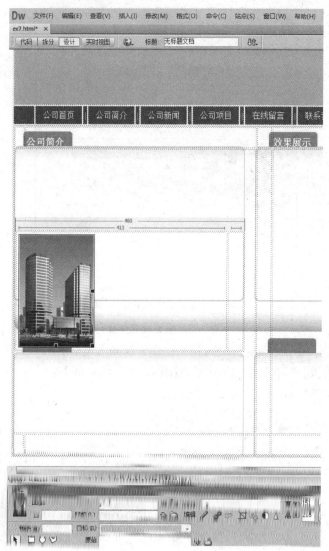

图 7-29 插入素材并设置宽高

30.在文档窗口中调整单元格的宽度,将光标置于第 2 个单元格中,在【属性】面板中将【高】设置为"300",如图 7-30 所示。

31.在第 2 列单元格中输入文字,选中输入文字并单击鼠标右键,在弹出的快捷菜单中选择【CSS 样式】|【新建】命令,如图 7-31 所示。

32.在弹出的【新建 CSS 规则】对话框中将【选择器名称】设置为"wz2",单击【确定】按钮;在弹出的【CSS 规则定义】对话框中将【类型】中的【Font-size】设置为"13",将【Line-height】设置为"18",如图 7-32 所示。

33.设置完成后,单击【确定】按钮,继续选中文字,为其应用该样式,效果如图 7-33 所示。

图 7-30 设置单元格

图 7-31 输入文字新建样式

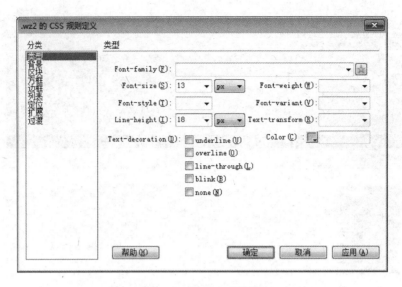

图 7-32　设置文字参数

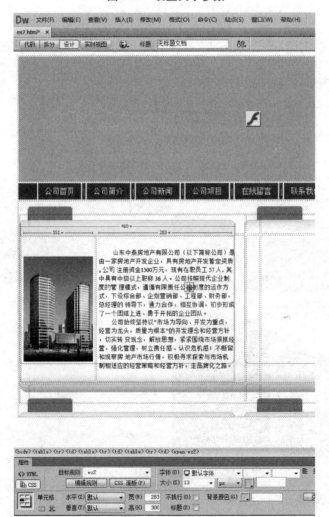

图 7-33　应用 CSS 规则

34.选中其右侧的两列单元格并单击鼠标右键,在弹出的快捷菜单中选择【表格】|【合并单元格】命令,如图7-34所示。

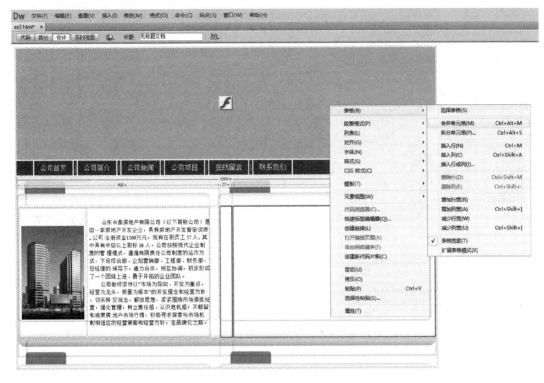

图7-34 选择【合并单元格】命令

35.将光标置于合并后的单元格中,选择【插入】|【表格】菜单命令,在弹出的【表格】对话框中,设置新插入表格的【行数】、【列】、【表格宽度】和【单元格边距】,如图7-35所示。

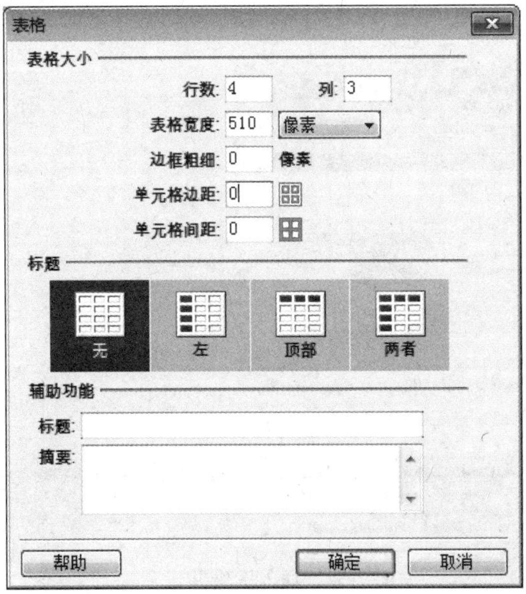

图7-35 设置表格参数

36.设置完成后,单击【确定】按钮,选中新表格的所有单元格,在【属性】面板中将【水平】设置为【居中对齐】,如图7-36所示。

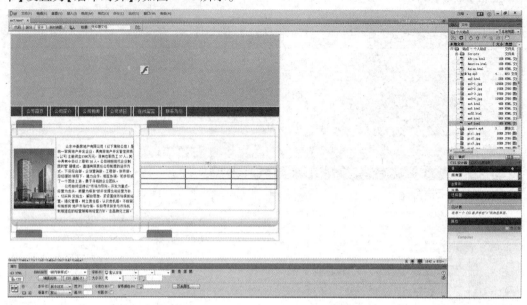

图7-36 设置对齐方式

37.将光标置于新插入表格的第1行第1列单元格中,选择【插入】|【图像】|【图像】菜单命令,在弹出的【选择图像源文件】对话框中选择实验文件夹"ex7"中的素材文件"pic2.jpg",单击【确定】按钮,并在【属性】面板中设置图片的【宽】和【高】分别为"150"和"123",并用鼠标左键单击表格框线应用效果,如图7-37所示。

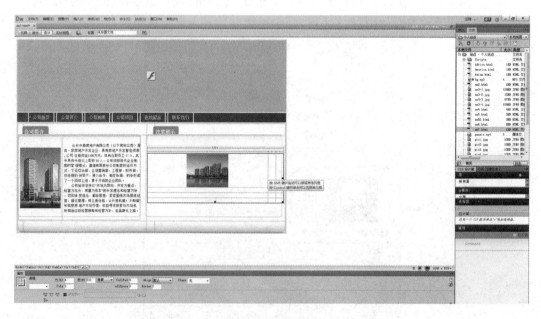

图7-37 插入图像并设置

38.将光标置于新插入图片下方的单元格中,输入"中建华府";选中输入的文字,新建一个选择器名称为"wz3"的 CSS 样式,并在弹出的【CSS 规则定义】对话框中,将【类型】中的【Font-size】设置为"12",如图 7-38 所示。

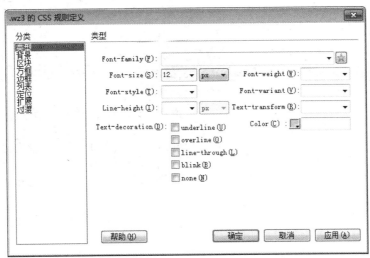

图 7-38 设置 CSS 规则

39.设置完成后,单击【确定】按钮,继续选中"中建华府"文字,为其应用新建的 CSS 样式"wz3",如图 7-39 所示。

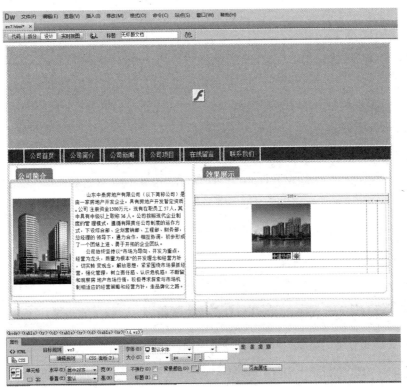

图 7-39 为文字应用样式

40.重复步骤 37—步骤 39,依次插入素材图 pic3—pic7,并输入相应文字,调整单元格后,效果如图 7-40 所示。

图 7-40 插入其他图片与文字并调整

41.选中最下方的一行单元格并单击鼠标右键,在弹出的快捷菜单中选择【表格】|【合并单元格】命令,如图 7-41 所示。

图 7-41 选择【合并单元格】命令

42.将光标继续置于合并后的单元格中,在【属性】面板中将单元格【水平】对齐方式设置为【居中对齐】,输入文字,并为其应用"wz3"CSS 样式,效果如图 7-42 所示。

图 7-42 输入文字并设置

43.保存网页,并在浏览器中预览,效果如图 7-43 所示。

图 7-43 最终效果

【思考与练习】

1.使用表格布局设计网页为什么需要嵌套表格？

2.设置网页文字为什么需要通过新建 CSS 规则来完成？

3.在表格中插入图像并设置好大小后,怎样使表格自适应新设置的图像？

实验八　综合实例(一)

【实验目的】

- 掌握如何制作一个购物网页。
- 复习和掌握如何用表格布局网页及添加图片对象。

【实验内容与步骤】

1.启动 Dreamweaver CC 软件,选择【文件】|【新建】菜单命令,在【新建文档】对话框中创建一个空白 HTML 文件,保存为"ex8.html",然后在【属性】面板中选择【HTML】选项,单击【属性】面板中的【页面属性】按钮,如图 8-1 所示。

图 8-1　【属性】面板

2.在弹出的【页面属性】对话框中,选择【外观(HTML)】选项,将【上边距】、【左边距】、【边距高度】都设置为"0",如图 8-2 所示。

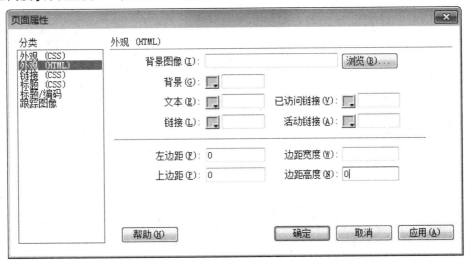

图 8-2　【页面设置】对话框

3.单击【确定】按钮完成页面属性设置,然后选择【插入】|【表格】菜单命令,在弹出的【表格】对话框中,设置新插入表格的【行数】、【列】和【表格宽度】,如图 8-3 所示。

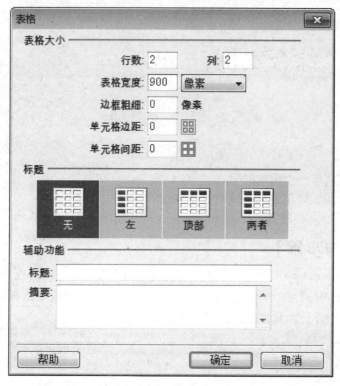

图 8-3 表格设置

4.单击【确定】按钮插入表格,然后在【属性】面板中将【Align】设置为【居中对齐】,如图8-4 所示。

图 8-4 设置居中对齐

5.在第 1 行单元格内输入文字,如图 8-5 所示。

图 8-5 输入文字

6.选择输入的文字,单击鼠标右键,在弹出的快捷菜单中选择【CSS 样式】|【新建】命令,在弹出的【新建 CSS 规则】对话框中,设置【选择器名称】为"wz1",如图 8-6 所示。

7.单击【确定】按钮,再在弹出的【CSS 规则定义】对话框中,将【类型】中的【Font-size】

设置为"13"，将【Color】设置为"#666666"，如图 8-7 所示。

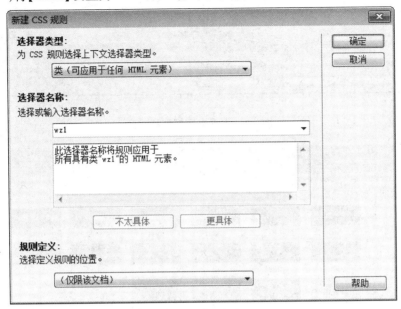

图 8-6　设置选择器名称

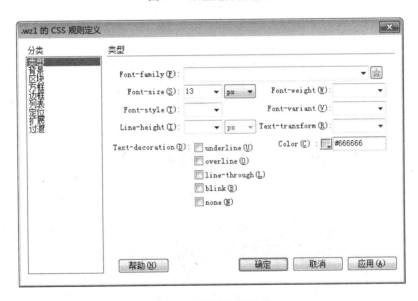

图 8-7　设置 CSS 规则

8.单击【确定】按钮，然后选择输入的文字，在【属性】面板中选择【.CSS】选项，然后将【目标规则】设置为"wz1"，并将第 1 行第 2 列单元格【水平】设置为【右对齐】，如图 8-8 所示。

9.选中第 2 行的第 1 列和第 2 列单元格并单击鼠标右键，在弹出的快捷菜单中选择【表格】|【合并单元格】命令，将光标置于合并后的第二行单元格，然后选择【插入】|【图像】|【图像】菜单命令，在【选择图像源文件】对话框中，选择实验文件夹"ex8"中的图片素材"Y1.jpg"，如图 8-9 所示。

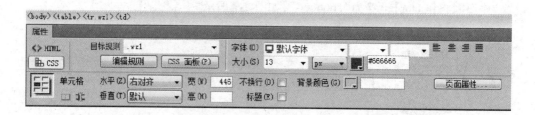

图 8-8　设置文字规则和对齐

图 8-9　选择素材文件

10.单击【确定】按钮导入图片,并将图片复制到站点根目录,完成后的效果如图 8-10 所示。

图 8-10　插入图片效果

11.将光标置于做好的表格右侧,然后选择【插入】|【表格】菜单命令,在弹出的【表格】对话框中,设置新插入表格的【行数】、【列】和【表格宽度】,如图 8-11 所示。

12.单击【确定】按钮,选择新插入的表格,然后在【属性】面板中将【Align】设置为【居中对齐】,将第 1 列单元格的【宽】设置为"200",其他单元格的【宽】设置为"100",将第 1 行单元格合并,然后设置其【高】为"10",如图 8-12 所示。

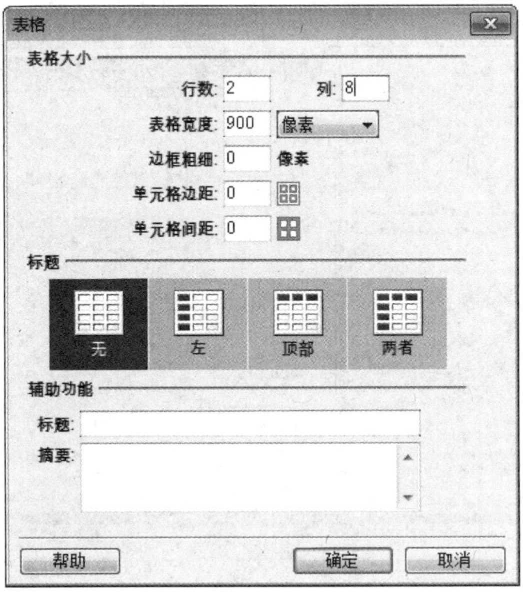

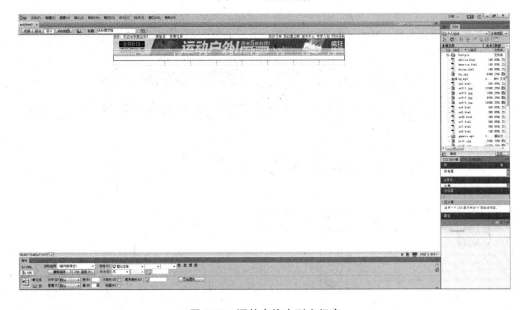

图 8-11　设置表格

图 8-12　调整表格中列宽行高

13.将光标置于第 1 行单元格,单击文档窗口左上角的【拆分】按钮,切换至【拆分】视图,然后将代码窗口光标所在位置的" "代码删除,如图 8-13 所示。

14.单击文档窗口左上角的【设计】按钮,切换至【设计】视图,将光标置于第 2 行第 1 列单元格中,然后选择【插入】|【图像】|【图像】菜单命令,在【选择图像源文件】对话框中,选择实验文件夹"ex8"中的图片素材"全部商品 1.jpg",如图 8-14 所示。

15.使用同样的方法插入其他图片,完成后的效果如图 8-15 所示。

16.选择【全部商品】图片,在【属性】面板中将【ID】设置为"T1",如图 8-16 所示。

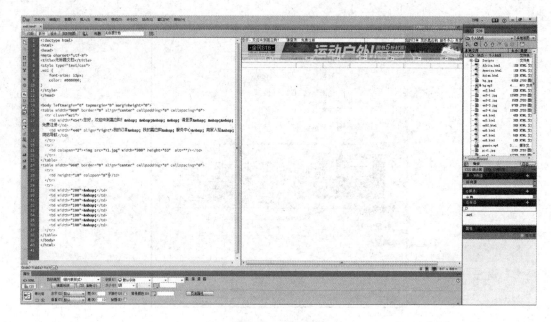

图 8-13　删除代码

图 8-14　选择素材图片

图 8-15　插入图片效果

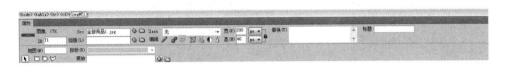

图 8-16 设置图片 ID

17.选择【窗口】|【行为】菜单命令，打开【行为】面板，如图 8-17 所示。

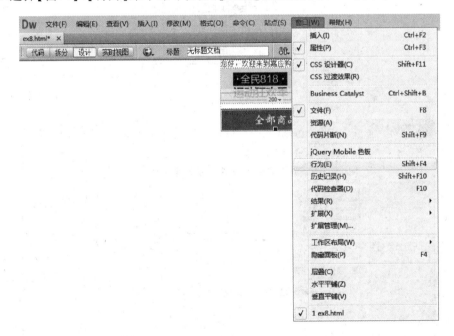

图 8-17 调出行为面板

18.在【行为】面板中单击【添加行为】按钮，在弹出的快捷菜单中选择【交换图像】命令，如图 8-18 所示。

19.在弹出的【交换图像】对话框中，单击对话框中的【浏览】按钮，如图 8-19 所示。

20.在弹出的【选择图像源文件】对话框中，选择实验文件夹"ex8"中的图片素材"全部商品 2.jpg"，如图 8-20 所示。

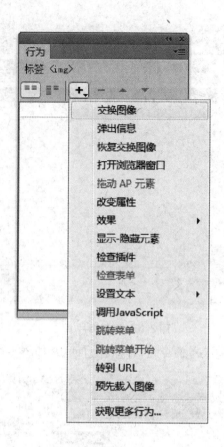

图 8-18　添加行为

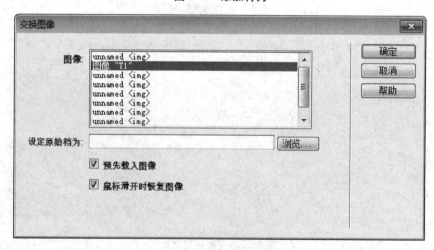

图 8-19　交换图像对话框

21.单击【确定】按钮,返回【交换图像】对话框,然后单击【确定】按钮,如图 8-21 所示。

22.使用同样的方法为剩下的 7 个图片添加交换图像。然后将光标置于做好的表格右侧,选择【插入】|【表格】菜单命令,在弹出的【表格】对话框中,设置新插入表格的【行数】、【列】和【表格宽度】,如图 8-22 所示。

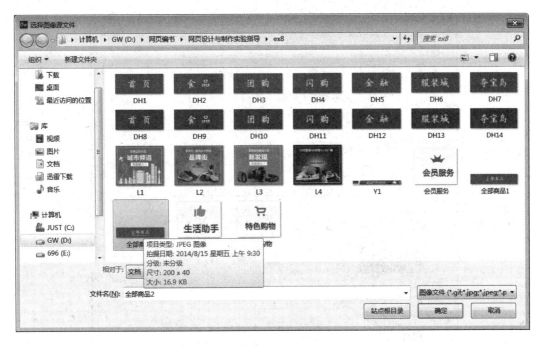

图 8-20　选择素材图片

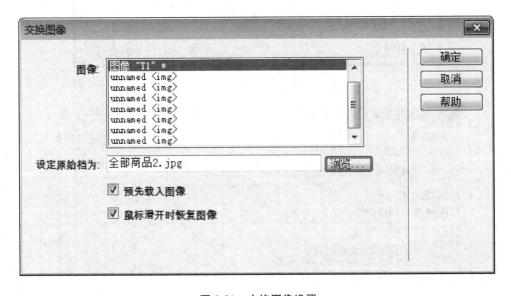

图 8-21　交换图像设置

23.单击【确定】按钮添加表格,然后在【属性】面板中将【Align】设置为【居中对齐】。将光标置于第 1 列单元格中,在【属性】面板中将【宽】设置为"200",然后单击鼠标右键,在弹出的快捷菜单中选择【CSS 样式】|【新建】命令,在弹出的【新建 CSS 规则】对话框中设置【选择器名称】为"biaoge",如图 8-23 所示。

24.单击【确定】按钮,在弹出的【CSS 规则定义】对话框中选择【边框】选项,然后将【Top】设置为"solid",将【Width】设置为"thin",将【Color】设置为"#E43A3D",如图 8-24 所示。

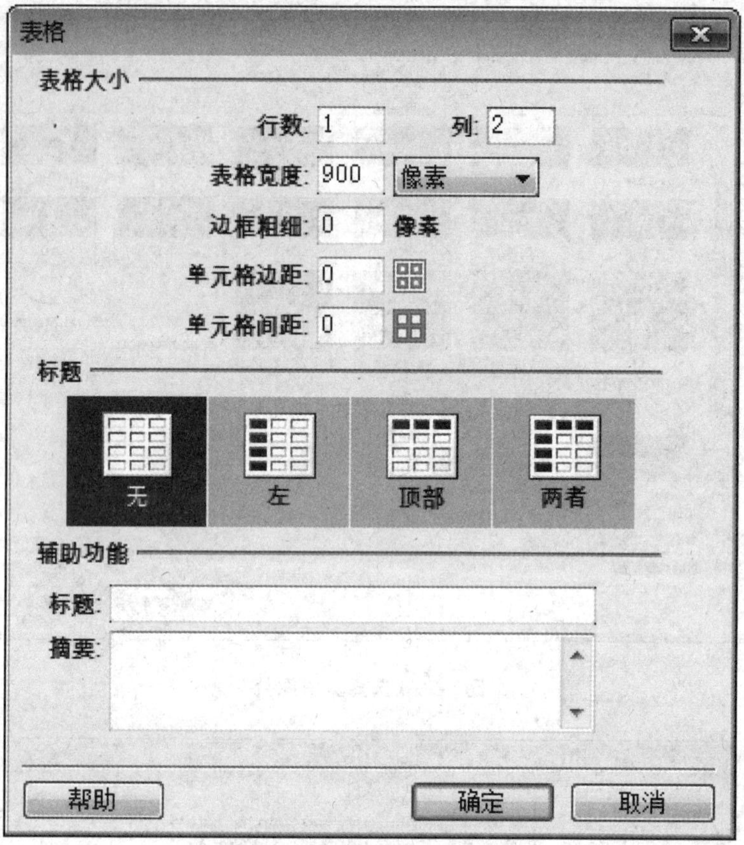

图 8-22　设置表格

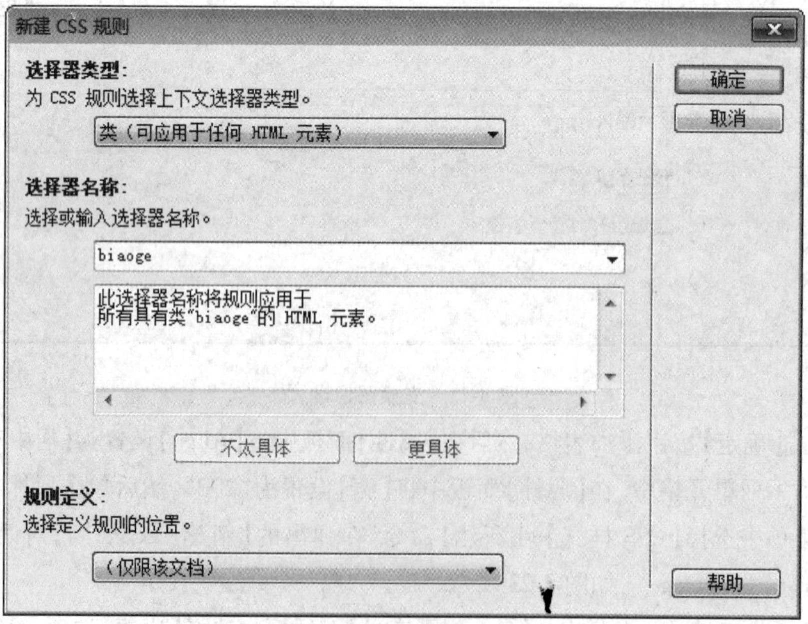

图 8-23　设置选择器名称

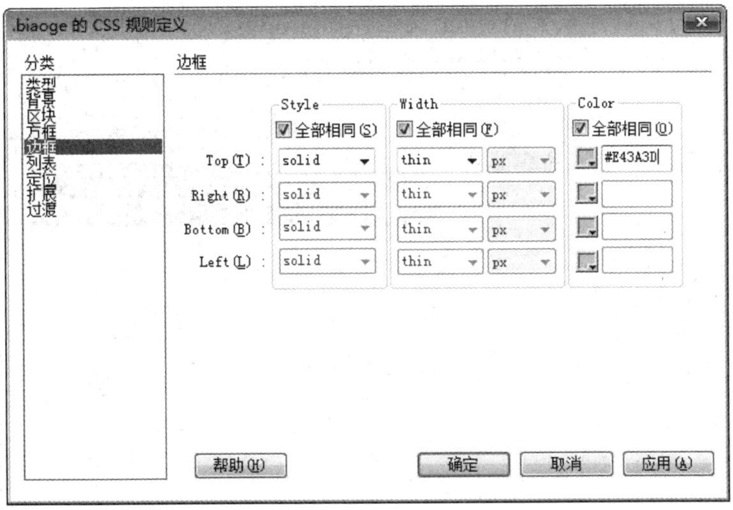

图 8-24　设置 CSS 规则

25.单击【确定】按钮,然后将光标置于第 1 列单元格中,在【属性】面板中将【目标规则】设置为"biaoge",如图 8-25 所示。

图 8-25　应用 CSS 规则

26.选择【插入】|【表格】菜单命令,在弹出的【表格】对话框中,设置新插入表格的【行数】、【列】和【表格宽度】,如图 8-26 所示。

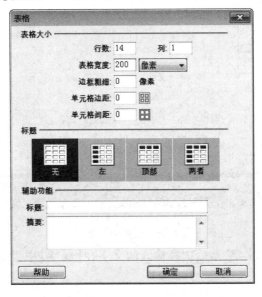

图 8-26　设置表格

27.单击【确定】按钮插入表格,单击文档窗口左上角的【拆分】按钮,切换至【拆分】视图,然后将代码窗口第1、2、3行的代码删除,如图8-27所示。

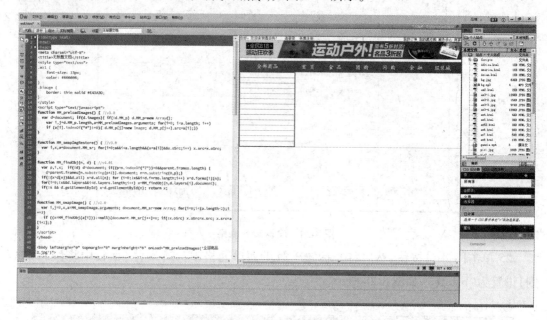

图 8-27　删除代码

28.单击文档窗口左上角的【设计】按钮,切换回【设计】视图,选择新插入表格的所有单元格,在【属性】面板中将【高】设置为"25",如图8-28所示。

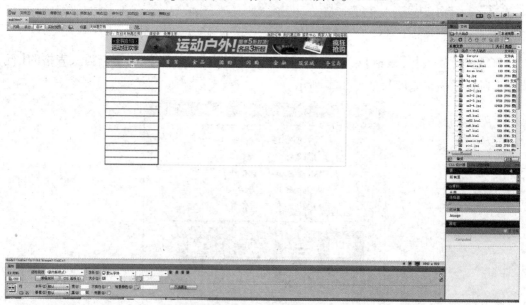

图 8-28　设置单元格高

29.在单元格内输入文字,然后选择输入的文字在【属性】中设置【大小】为"15",效果如图8-29所示。

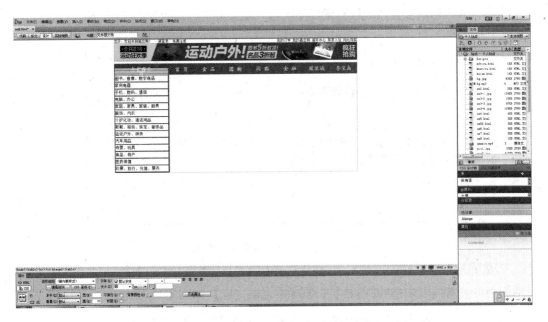

图 8-29 输入文字并设置

30.将光标置于第 2 列单元格中，选择【插入】|【媒体】|【Flash SWF（F）】菜单命令，在弹出的【选择 SWF】对话框中选择实验文件夹"ex8"中的 SWF 素材"Flash1.swf"，如图 8-30 所示。

图 8-30 选择动画素材

31.单击【确定】按钮插入 swf 动画，在弹出的【对象标签辅助功能属性】对话框中保持默认设置，单击【确定】按钮，如图 8-31 所示。

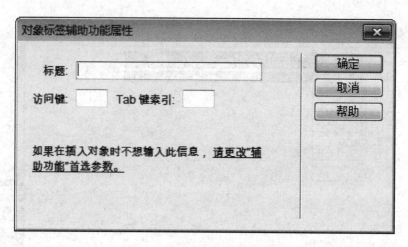

图 8-31　对象标签辅助功能属性

32.将光标置于做好的表格右侧,然后选择【插入】|【表格】菜单命令,在弹出的【表格】对话框中设置新插入表格的【行数】、【列】和【表格宽度】,如图 8-32 所示。

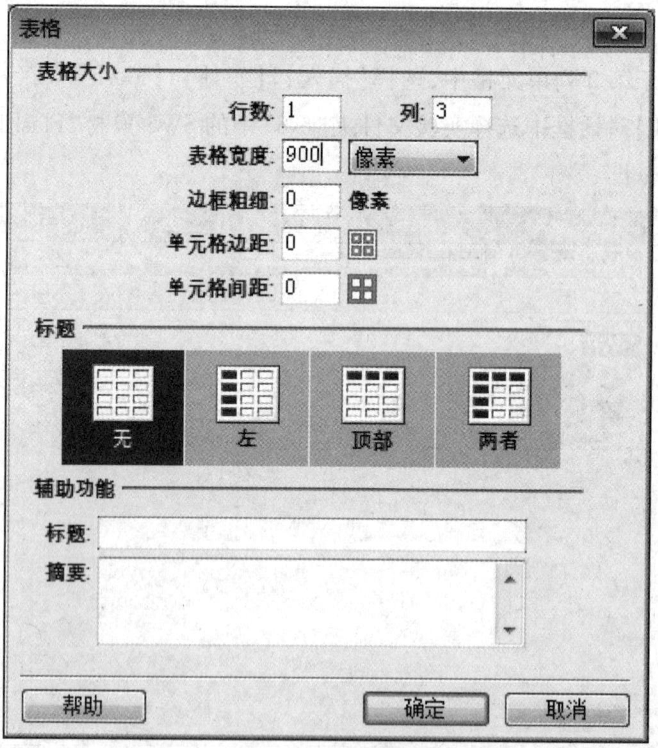

图 8-32　设置表格

33.单击【确定】按钮插入表格,然后在【属性】面板中将【Align】设置为【居中对齐】,选择所有单元格,在【属性】面板中将【宽】设置为"300",如图 8-33 所示。

34.将光标置于第 1 列单元格内,选择【插入】|【表格】菜单命令,在弹出的【表格】对话框中设置新插入表格的【行数】、【列】和【表格宽度】,如图 8-34 所示。

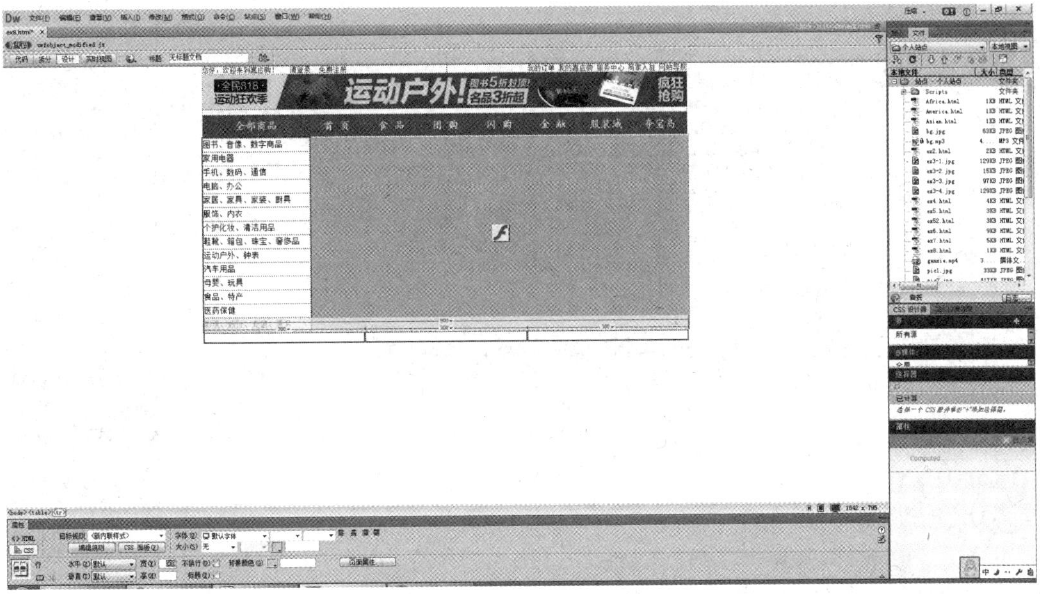

图 8-33　插入表格并设置

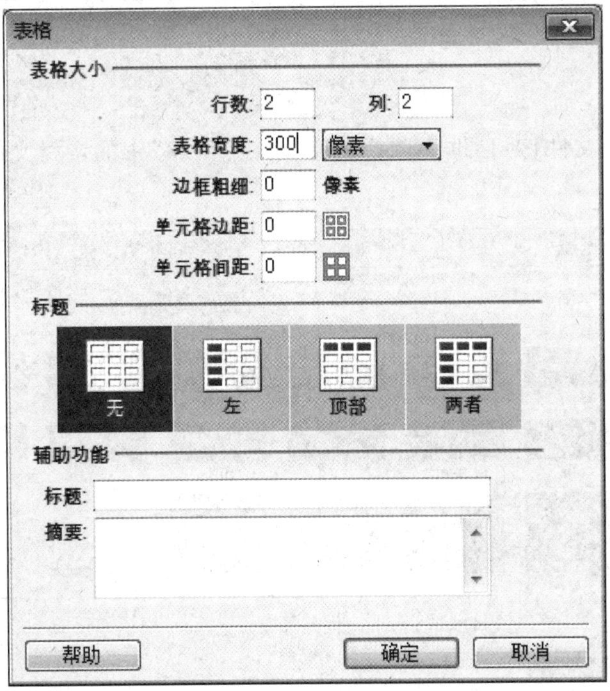

图 8-34　插入表格

35.单击【确定】按钮插入表格,将光标置于新插入表格的第 1 行第 1 列单元格,在【属性】面板中将第 1 列的【宽】设置为"80",第 1 行的【高】设置为"30",然后将第 2 行的【高】设置为"35",并将第 1 列单元格合并,完成后的效果如图 8-35 所示。

36.将光标置于合并后的第 1 列单元格中,选择【插入】|【图像】|【图像】菜单命令,在

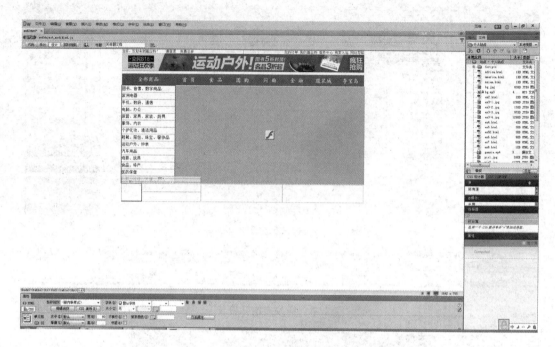

图 8-35　设置表格

弹出的【选择图像源文件】对话框中选择实验文件夹"ex8"中的素材文件"特色购物.jpg"，如图 8-36 所示。

图 8-36　选择图片素材

37.单击【确定】按钮插入图片,单击表格的边框调整表格大小,然后在第 2 列单元格内输入文字,并将输入的文字在【属性】面板中将【大小】设置为"15",【水平】设置为【居中对齐】,完成后的效果如图 8-37 所示。

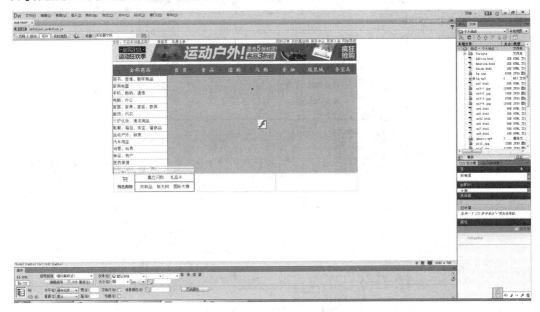

图 8-37 输入文字并设置

38.重复步骤 34—步骤 37,将右侧两个单元格做相应的设置,完成后的效果如图 8-38 所示。

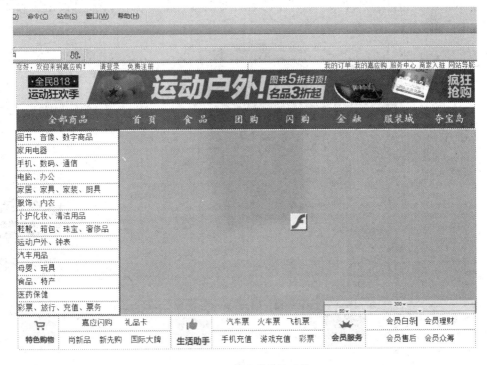

图 8-38 设置剩余单元格

39.将光标置于做好的表格右侧,然后选择【插入】|【表格】菜单命令,在弹出的【表格】对话框中,设置新插入表格的【行数】、【列】和【表格宽度】,如图8-39所示。

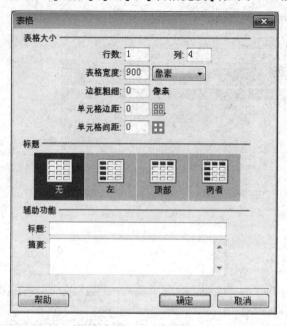

图8-39　插入表格设置

40.单击【确定】按钮插入表格,然后在【属性】面板中将【Align】设置为【居中对齐】。将光标置于第1列单元格中,选择【插入】|【图像】|【图像】菜单命令,在弹出的【选择图像源文件】对话框中选择实验文件夹"ex8"中的素材文件"L1.jpg",单击【确定】按钮插入图片,效果如图8-40所示。

图8-40　插入图片

41.按照同样的操作,依次在剩余的 3 个单元格中插入实验文件夹"ex8"中的素材图片"L2.jpg""L3.jpg""L4.jpg",完成后的效果如图 8-41 所示。

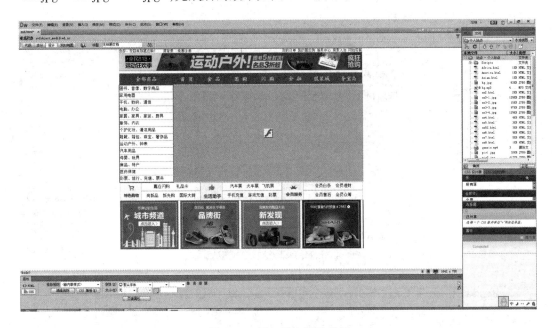

图 8-41　插入剩余图片效果

42.将光标置于做好的表格右侧,然后选择【插入】|【表格】菜单命令,在弹出的【表格】对话框中设置新插入表格的【行数】、【列】和【表格宽度】,如图 8-42 所示。

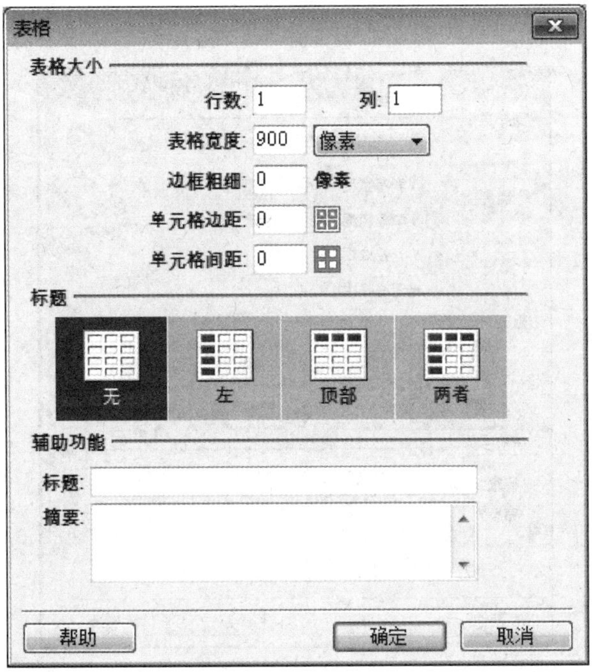

图 8-42　插入表格

43.单击【确定】按钮插入表格,然后在【属性】面板中将【Align】设置为【居中对齐】。将光标置于新插入的表格内,在【属性】面板中将【高】设置为"10",然后选择【插入】|【水平线】菜单命令,如图8-43所示。

图8-43　设置表格并选择【插入】菜单

44.单击【确定】按钮插入水平线。然后将光标置于做好的表格右侧,然后选择【插入】|【表格】菜单命令,在弹出的【表格】对话框中,设置新插入表格的【行数】、【列】和【表格宽度】,如图8-44所示。

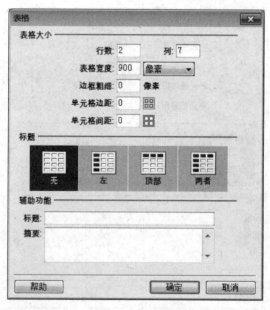

图8-44　插入表格

45.单击【确定】按钮插入表格,然后在【属性】面板中将【Align】设置为【居中对齐】。选定新插入表格的所有单元格,在【属性】面板中设置【背景颜色】为"#E7E6E5",设置【水平】为【居中对齐】,选定单元格第1行设置【高】为25,设置完的效果如图8-45所示。

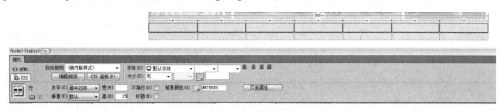

图 8-45　设置表格

46.在第1行跟第2行分别输入文字,并将第2行的文字在【属性】面板中将【目标规则】设置为"wz1",效果如图8-46所示。

图 8-46　输入文字并设置

47.将光标置于做好的表格右侧,然后选择【插入】|【表格】菜单命令,在弹出的【表格】对话框中,设置新插入表格的【行数】、【列】和【表格宽度】,如图8-47所示。

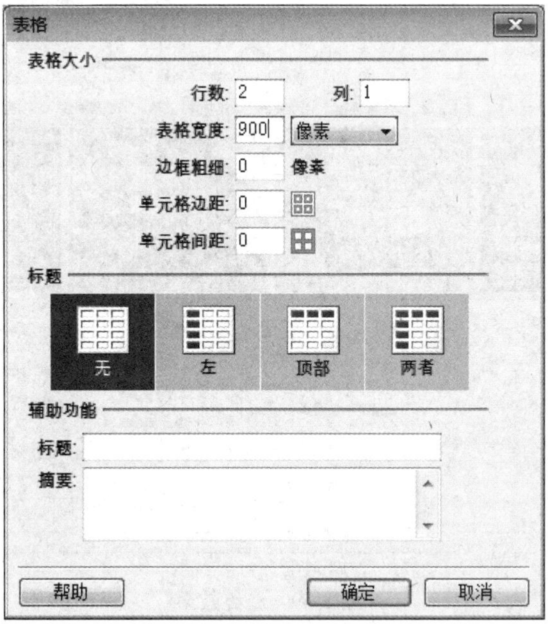

图 8-47　插入表格

48.单击【确定】按钮插入表格,然后在【属性】面板中将【Align】设置为【居中对齐】,选择所有单元格,在【属性】面板中将【水平】设置为【居中对齐】,将【垂直】设置为【底部】,然后在单元格中输入文字,并将输入的文字在【属性】面板中将【目标规则】设置为"wz1",效果如图 8-48 所示。

图 8-48 输入文字并设置

49.保存文件,并在浏览器中预览效果,如图 8-49 所示。

图 8-49 最终效果

【思考与练习】

1. 为什么本实验不使用一个大表格布局嵌套小表格来制作？

2. 本实验如果要使用一个大表格嵌套布局表格来完成，应该如何操作？

3. 网页制作完成后，还需要完成哪些工作才能正式上线使用？

实验九　综合实例（二）

【实验目的】

- 掌握如何制作一个表单网页。
- 复习和掌握如何在网页中添加表单对象。

【实验内容与步骤】

1.启动 Dreamweaver CC 软件,选择【文件】|【新建】菜单命令,在【新建文档】对话框中创建一个空白 HTML 文件,保存为"ex9.html",然后在【属性】面板中选择【HTML】选项,单击【属性】面板中的【页面属性】按钮,在弹出的【页面属性】对话框中选择【外观(HTML)】选项,将【上边距】、【左边距】都设置为"0",如图 9-1 所示。

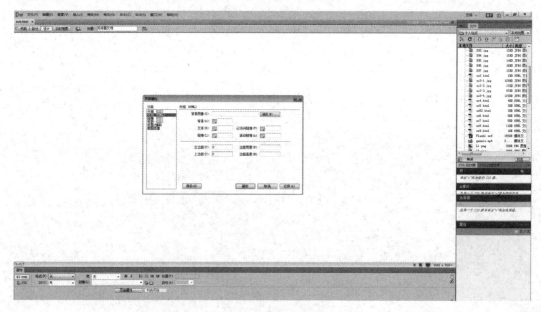

图 9-1　设置页面属性

2.单击【确定】按钮设置好页面属性,然后选择【插入】|【表格】菜单命令,在弹出的【表格】对话框中,设置新插入表格的【行数】、【列】、【表格宽度】、【边框粗细】、【单元格边距】和【单元格间距】,如图 9-2 所示。

3.单击【确定】按钮插入表格,然后在【属性】面板中将【Align】设置为【居中对齐】。选

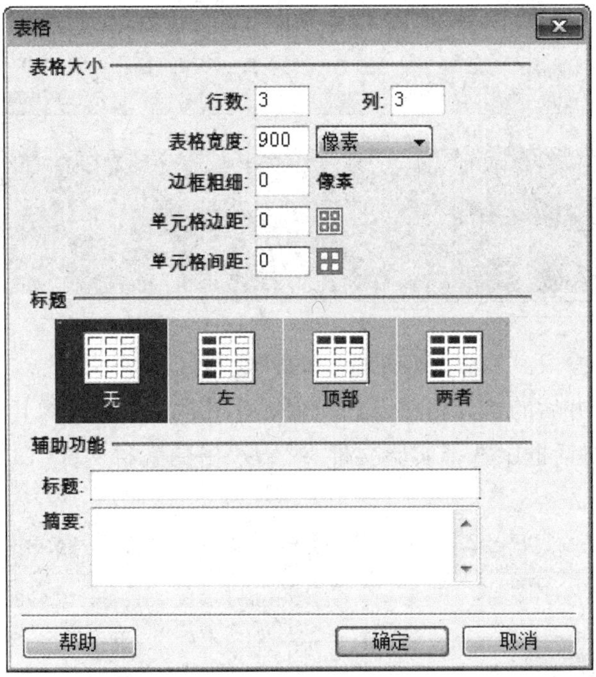

图 9-2　插入表格

定新插入表格的所有单元格,在【属性】面板中设置【背景颜色】为"#373C64",设置完的效果如图 9-3 所示。

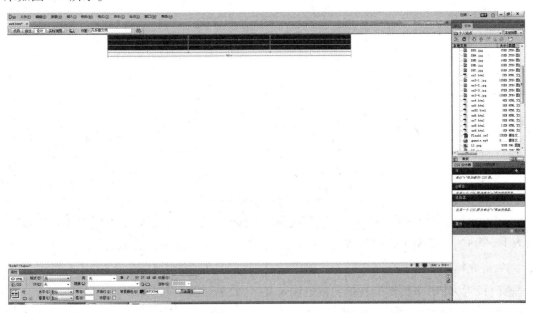

图 9-3　设置表格对齐跟背景颜色

4.将光标置于表格的第 1 行第 1 列单元格,在【属性】面板中将第 1 列的【宽】设置为"250",第 1 行的【高】设置为"40";然后将光标置于表格的第 2 行第 2 列单元格,在【属性】面板中将第 2 列的【宽】设置为"630",第 2 行的【高】设置为"40";然后将第 3 行的【高】设置为"45",并将第1列的第2行和第3行单元格合并,完成后的效果如图9-4所示。

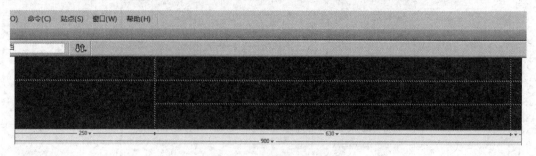

图9-4 设置单元格

5.将光标置于合并后的单元格中,选择【插入】|【图像】|【图像】菜单命令,在弹出的【选择图像源文件】对话框中选择实验文件夹"ex9"中的素材文件"L1.jpg",效果如图9-5所示。

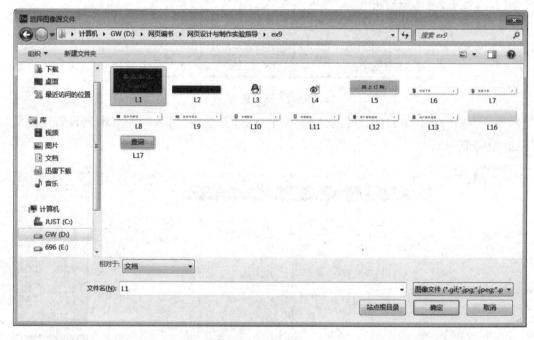

图9-5 选择素材文件

6.单击【确定】按钮插入图片,然后在【属性】面板中设置新插入图片的【宽】为"250",【高】为"95",然后单击表格框线以适应图片大小,完成后的效果如图9-6所示。

7.将光标置于第1行第2列单元格中,在【属性】面板中将【水平】设置为【右对齐】,将【垂直】设置为【居中】,然后在单元格中输入文字,效果如图9-7所示。

8.单击鼠标右键,在弹出的快捷菜单中选择【CSS样式】|【新建】命令,在弹出的【新建CSS规则】对话框中,设置【选择器名称】为"w1",如图9-8所示。

9.单击【确定】按钮,再在弹出的【.w1的CSS规则定义】对话框中,将【类型】中的【Font-size】设置为"13",将【Color】设置为"#FFF",如图9-9所示。

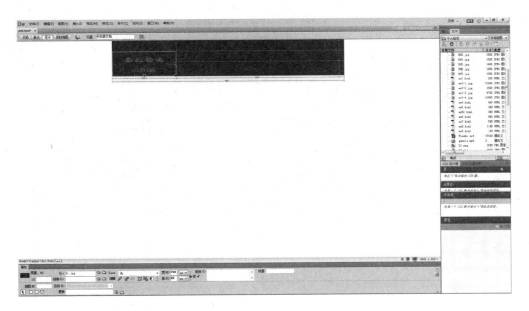

图 9-6　插入图片调整效果

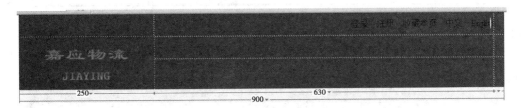

图 9-7　设置对齐并输入文字

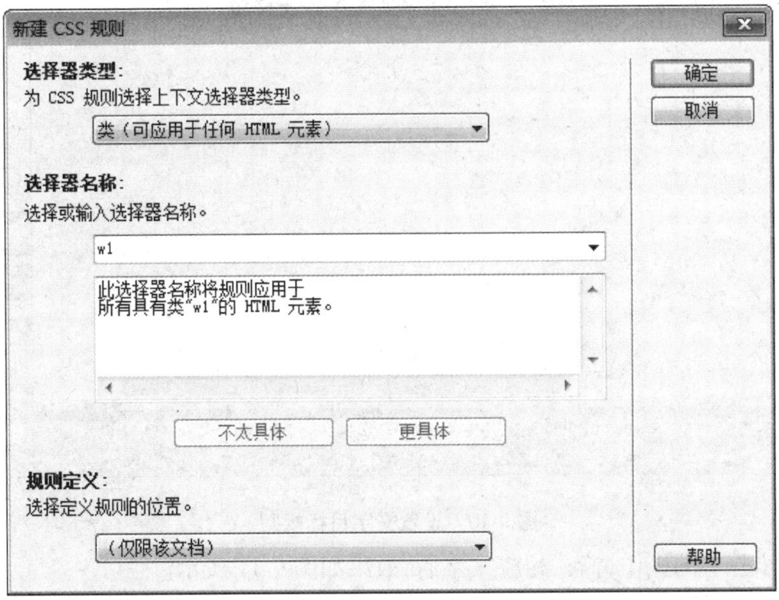

图 9-8　设置选择器名称

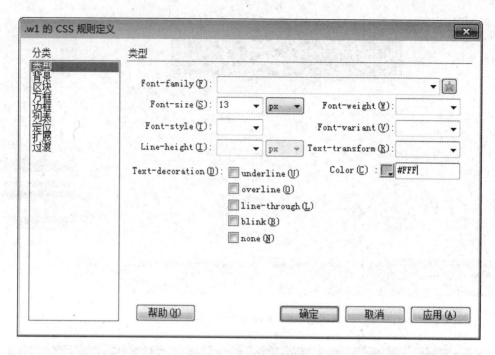

图 9-9　设置 CSS 规则

10.单击【确定】按钮,选择刚输入的文字,在【属性】面板中选择【CSS】选项,然后将【目标规则】设置为"w1",设置完成后的效果如图 9-10 所示。

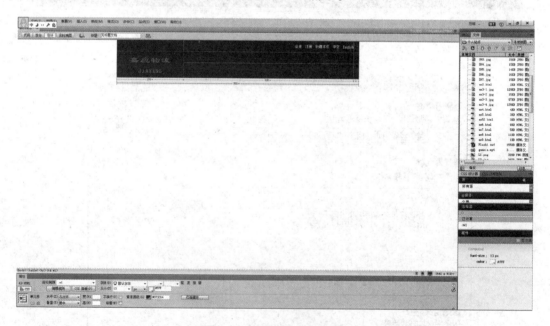

图 9-10　设置文字目标规则

11.重复步骤 7 的操作,输入相应文字后,效果如图 9-11 所示。

12.单击鼠标右键,在弹出的快捷菜单中选择【CSS 样式】|【新建】命令,在弹出的【新建CSS 规则】对话框中设置【选择器名称】为"w2",然后单击【确定】按钮,再在弹出的【.w2 的

登录　注册　收藏本页　中文　English

图 9-11　输入文字

CSS 规则定义】对话框中，将【类型】中的【Font-size】设置为“12”，将【Color】设置为“＃FAAF19”，如图 9-12 所示。

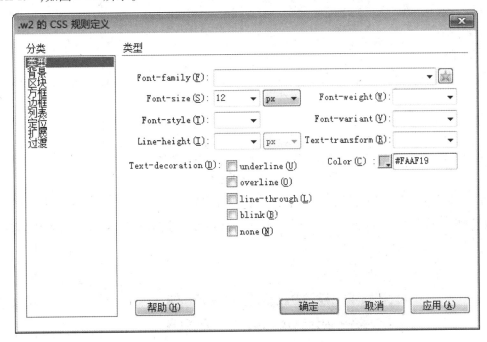

图 9-12　设置 CSS 规则

13.单击【确定】按钮，选择刚输入的文字，在【属性】面板中选择【CSS】选项，然后将【目标规则】设置为“w2”，设置完成后的效果如图 9-13 所示。

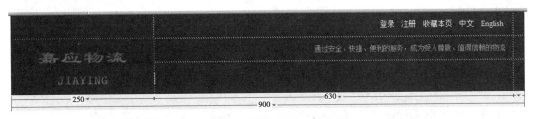

登录　注册　收藏本页　中文　English

通过安全、快捷、便利的服务，成为受人尊敬、值得信赖的物流

图 9-13　文字应用 CSS 规则效果

14.将光标置于第 2 列第 3 行单元格中，在【属性】面板中将【水平】跟【垂直】都设置为【居中对齐】，然后选择【插入】|【表格】菜单命令，在弹出的【表格】对话框中设置新插入表格的【行数】、【列】和【表格宽度】，如图 9-14 所示。

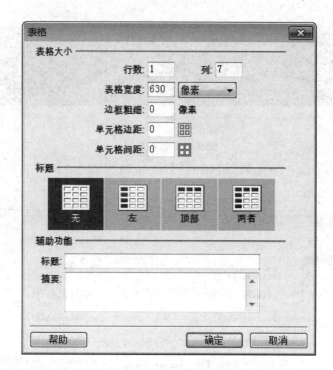

图 9-14　插入表格

15.单击【确定】按钮插入表格,然后选择新插入表格的所有单元格,在【属性】面板中将【宽】设置为"90",将【高】设置为"30",将【水平】跟【垂直】都设置为【居中对齐】,然后在单元格中输入文字,如图 9-15 所示。

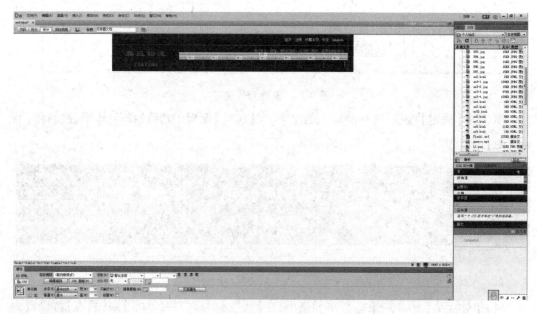

图 9-15　设置表格并输入文字

16.单击鼠标右键,在弹出的快捷菜单中选择【CSS样式】|【新建】命令,在弹出的【新建CSS规则】对话框中,设置【选择器名称】为"w3",然后单击【确定】按钮,再在弹出的【.w3的CSS规则定义】对话框中,将【类型】中的【Font-size】设置为"18",将【Color】设置为"#FAAF19",如图9-16所示。

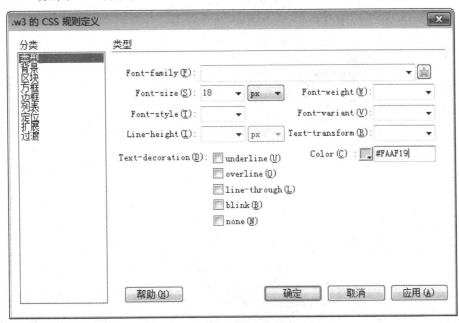

图9-16 设置CSS规则

17.单击【确定】按钮建立规则,选择刚输入的文字,在【属性】面板中选择【CSS】选项,然后将【目标规则】设置为"w3",设置完成后的效果如图9-17所示。

图9-17 文字应用CSS规则效果

18.将光标置于做好的整个大表格右侧,然后选择【插入】|【表格】菜单命令,在弹出的【表格】对话框中,设置新插入表格的【行数】、【列】和【表格宽度】,如图9-18所示。

19.单击【确定】按钮插入表格,然后在【属性】面板中将【Align】设置为【居中对齐】,将光标置于表格的第1行第1列单元格,在【属性】面板中将第1行的【高】设置为"10";然后选定表格的第2行第1列单元格,在【属性】面板中将第2行的【宽】设置为"320";然后将光标置于单元格内,将【水平】设置为【居中对齐】,将【垂直】设置为【居中】,完成后的效果如图9-19所示。

20.选择【插入】|【表格】菜单命令,在弹出的【表格】对话框中设置新插入表格的【行

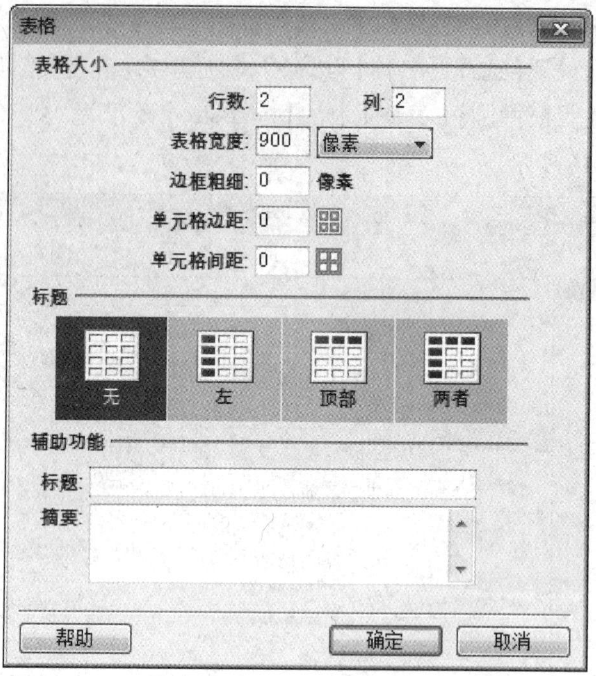

图 9-18　插入表格

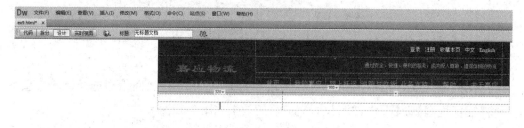

图 9-19　设置表格

数】、【列】、【表格宽度】和【单元格间距】,如图 9-20 所示。

21.单击【确定】按钮插入表格。选择第 1 行、第 8 行、第 9 行单元格,在【属性】面板中将【高】设置为"45",选择第 2—7 行单元格,在【属性】面板中将【高】设置为"30",选择第 10—13 行单元格,在【属性】面板中将【高】设置为"35",设置完成后的效果如图 9-21 所示。

22.将光标置于第 1 行单元格中,单击文档视图左上角的【拆分】按钮,并将光标置于代码窗口中的命令行"<td height="45">"中的"td"右侧,按键盘中的空格键,在弹出的快捷

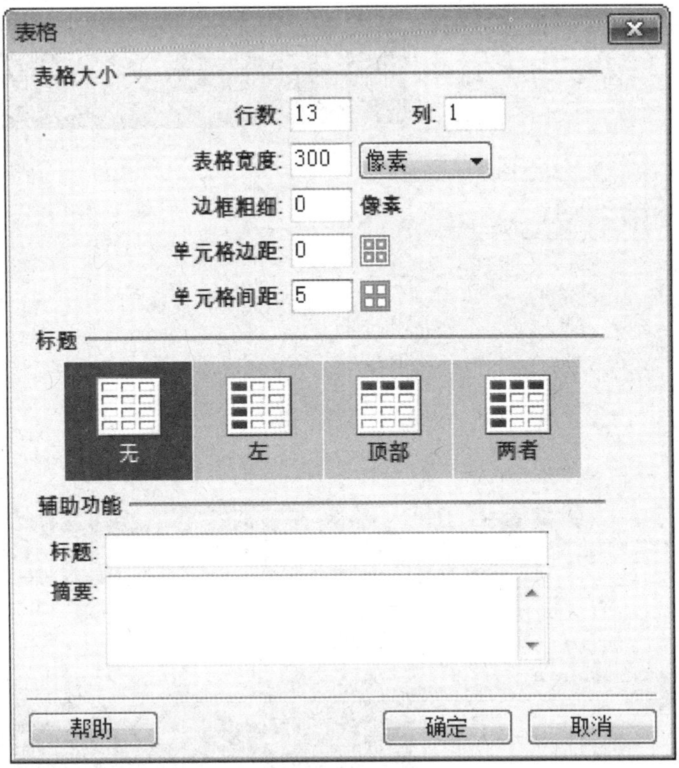

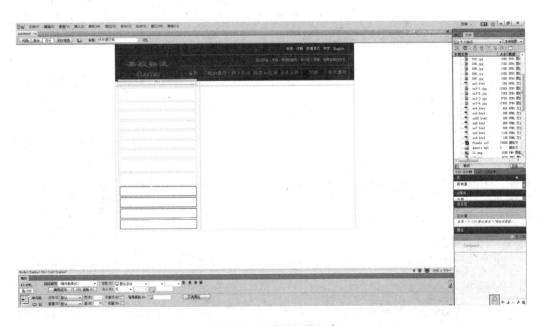

图 9-20　插入表格

图 9-21　设置单元格行高

菜单中选择【background】选项，如图 9-22 所示。

　　23.双击该选项，在弹出的快捷菜单中选择【浏览】选项，如图 9-23 所示。

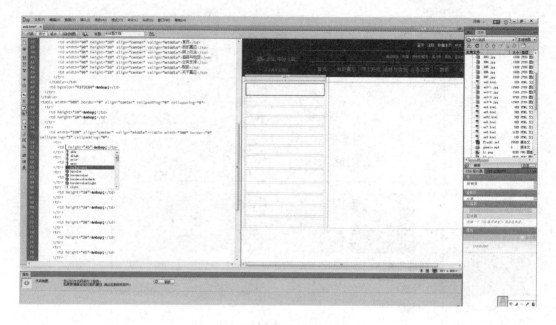

图 9-22　选择 background 选项

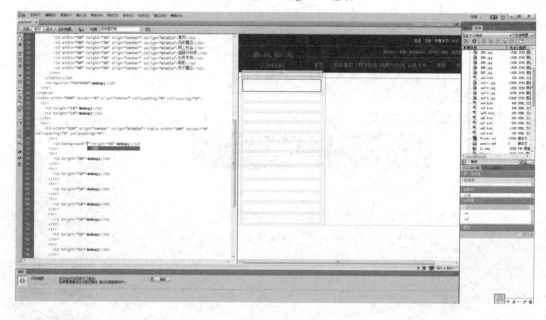

图 9-23　选择【浏览】

24.在弹出的【选择文件】对话框中,选择实验文件夹"ex9"中的素材文件"L2.png",如图 9-24 所示。

25.单击【确定】按钮插入素材图片,然后单击文档窗口左上角的【设计】按钮,回到【设计】视图,效果如图 9-25 所示。

26.将光标置于第 9 行单元格内,然后重复步骤 22—步骤 25,为第 9 行单元格设置同样的背景,完成后的效果如图 9-26 所示。

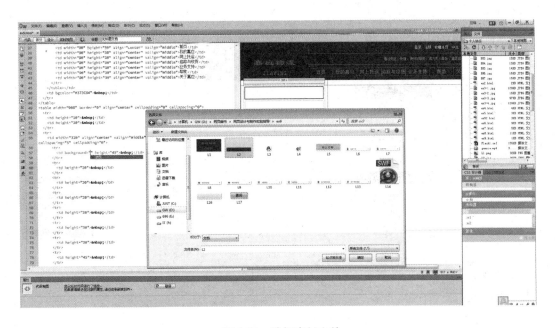

图 9-24　选择素材文件

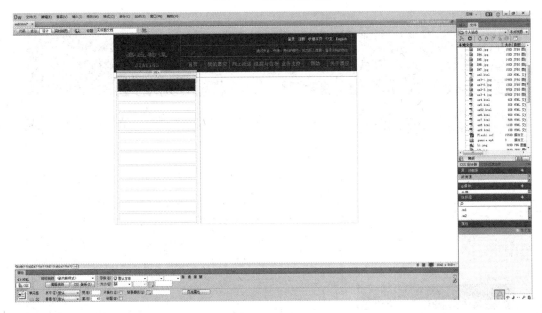

图 9-25　完成效果

27.在设置好背景的两个单元格内输入文字,然后单击鼠标右键,在弹出的快捷菜单中选择【CSS 样式】|【新建】命令,在弹出的【新建 CSS 规则】对话框中,设置【选择器名称】为"w4",然后单击【确定】按钮,再在弹出的【.w4 的 CSS 规则定义】对话框中,将【类型】中的【Font-size】设置为"20",将【Color】设置为"#FFF",如图 9-27 所示。

28.单击【确定】按钮建立规则,选择刚输入的文字,在【属性】面板中选择【CSS】选项,然后将【目标规则】设置为"w4",设置完成后的效果如图 9-28 所示。

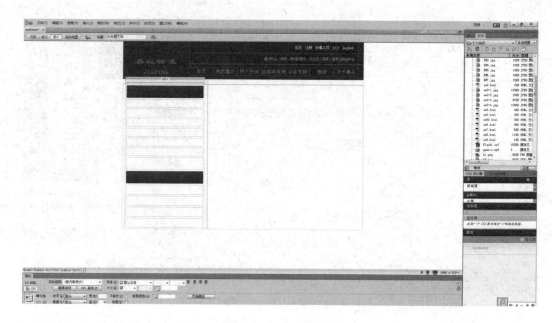

图 9-26　设置背景效果

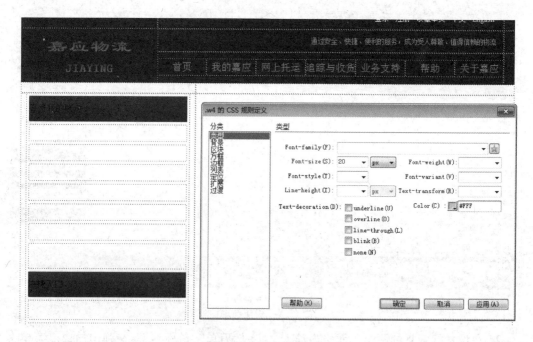

图 9-27　新建 CSS 规则

29.选择第 2 行至第 8 行单元格,在【属性】面板中将【水平】、【垂直】分别设置为【居中对齐】、【居中】。将光标置于第 2 行单元格内,选择【插入】|【表单】|【文本】命令,如图9-29所示。

30.将第 2 行单元格内默认的文字"Text Field:"删除,然后用鼠标左键选择插入的文本控件,在【属性】面板中将【Size】设置为"35",将【Value】设置为"用户名/手机/E-mail",设

图 9-28　文字应用 CSS 规则

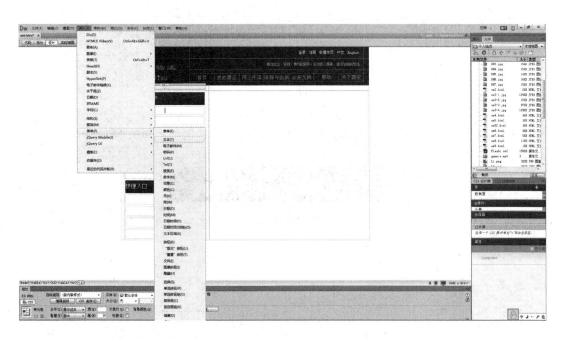

图 9-29　选择插入命令

置完成后的效果如图 9-30 所示。

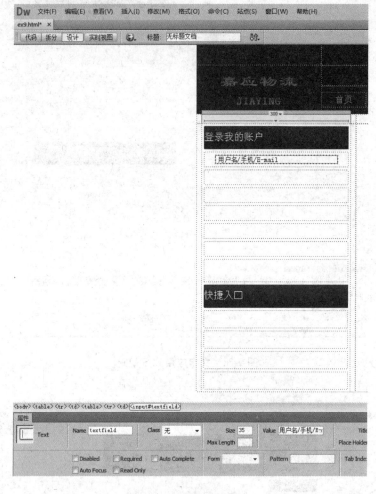

图 9-30　设置文本表单

31.使用同样的方法在第 3 行单元格中插入文本表单,效果如图 9-31 所示。

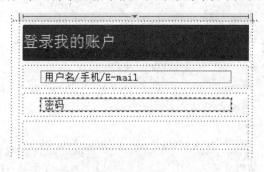

图 9-31　继续插入文本表单

32.将光标置于第 4 行单元格内,选择【插入】|【表单】|【复选框】命令,然后将文字更改为"记住用户名",然后在该文字右侧输入文字"忘记密码",完成后的效果如图 9-32 所示。

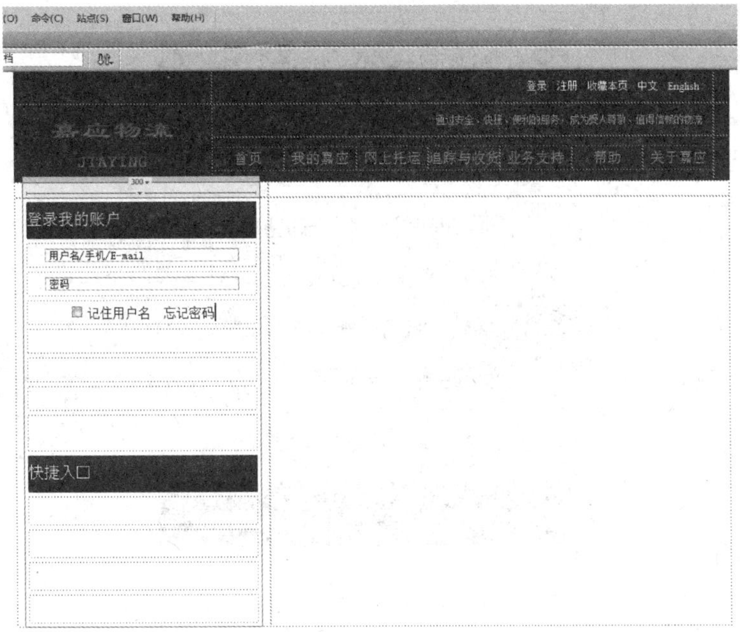

图 9-32　插入复选框

33.将光标置于第 5 行单元格内,选择【插入】|【表单】|【按钮】命令,然后用鼠标左键选择插入的按钮控件,在【属性】面板中将【Value】设置为"登　录",设置完成后的效果如图 9-33 所示。

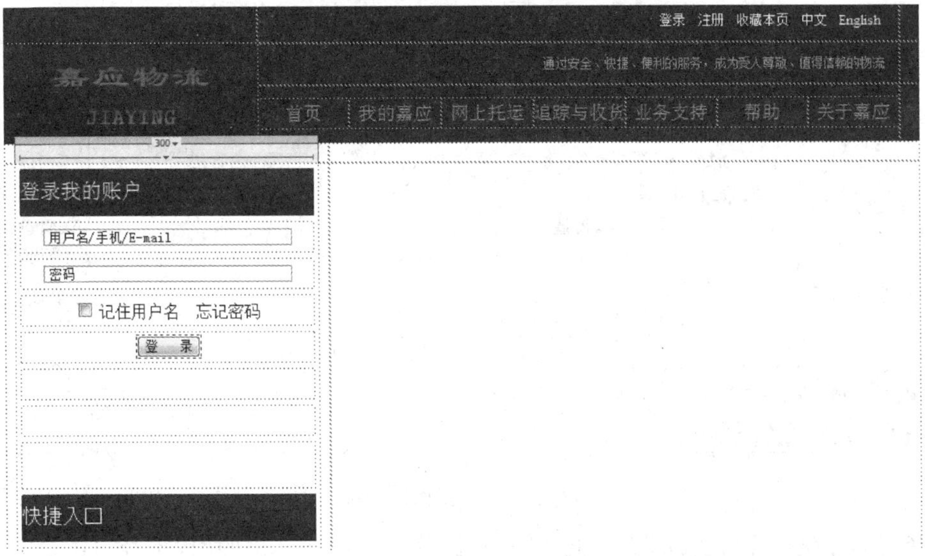

图 9-33　插入按钮

34.在第 6—8 行单元格内分别输入文字及插入相关图片,完成后的效果如图 9-34 所示。

35.将光标置于第 10 行单元格内,选择【插入】|【图像】|【鼠标经过图像】菜单命令,在

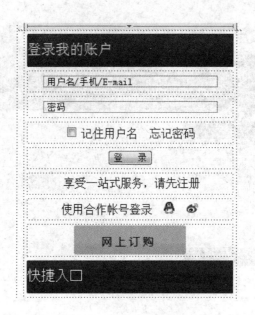

图 9-34　插入文字跟图像

弹出的【插入鼠标经过图像】对话框中,单击【原始图像】文本框右侧的【浏览】按钮,在弹出的【原始图像】对话框中选择鼠标经过前的图像文件"L6.jpg",如图 9-35 所示。

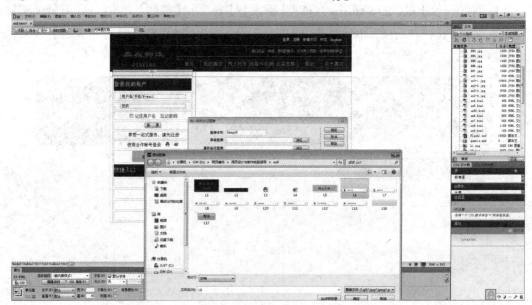

图 9-35　选择原始图像

36.单击【鼠标经过图像】文本框右侧的【浏览】按钮,在弹出的【鼠标经过图像】对话框中选择鼠标经过前的图像文件"L7.jpg",如图 9-36 所示。

37.单击【确定】按钮,回到【插入鼠标经过图像】对话框,再次单击【确定】按钮完成鼠标交换图像的制作。重复步骤 35—步骤 36,为第 11—13 行单元格分别插入鼠标经过图像,完成后效果如图 9-37 所示。

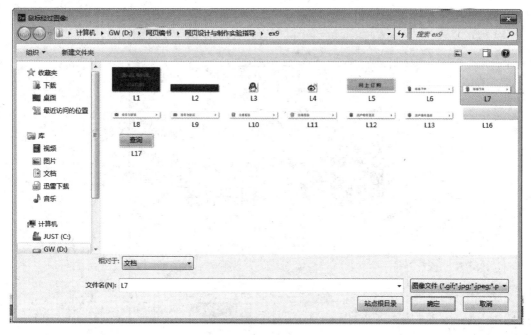

图 9-36　选择鼠标经过图像

登录我的账户

用户名/手机/E-mail

密码

☐ 记住用户名　忘记密码

登　录

享受一站式服务，请先注册

使用合作帐号登录　🐧　🌀

网上订购

快捷入口

🖱　在线下单　　　　　　　›

✉　投诉与建议　　　　　　›

🚚　仓储配送　　　　　　　›

👥　用户寄件流程　　　　　›

图 9-37　插入剩下的鼠标经过图像

38.将光标置于大表格右侧的单元格中,在【属性】面板中将【水平】、【垂直】分别设置为【居中对齐】、【居中】。然后选择【插入】|【表格】菜单命令,在弹出的【表格】对话框中,设置新插入表格的【行数】、【列】、【表格宽度】和【单元格间距】,如图 9-38 所示。

39.单击【确定】按钮插入表格,选择表格第 1 行并在【属性】面板中设置【宽】为"580",

图 9-38　插入表格

【高】为"200"。选择【插入】|【媒体】|【Flash SWF(F)】菜单命令,在弹出的【选择 SWF】对话框中选择实验文件夹"ex9"中的 SWF 素材"L14.swf",如图 9-39 所示。

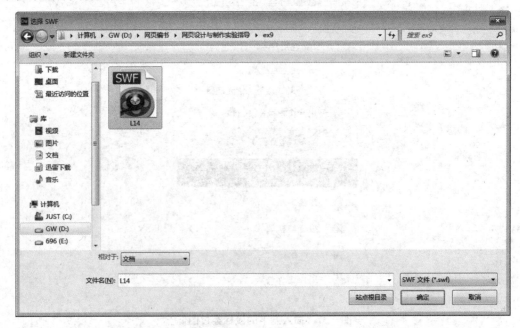

图 9-39　选择 swf 素材

40.单击【确定】按钮,在弹出的【对象标签辅助功能属性】对话框中保持默认设置,单击【确定】按钮插入 swf 动画。选择表格第 2 行并在【属性】面板中将【水平】、【垂直】分别设置为【居中对齐】、【居中】。然后选择【插入】|【表格】菜单命令,在弹出的【表格】对话框

中，设置新插入表格的【行数】、【列】、【表格宽度】和【单元格间距】，如图9-40所示。

41.单击【确定】插入表格，将光标置于新插入表格的第1列单元格内，选择【插入】|【表格】菜单命令，在弹出的【表格】对话框中，设置新插入表格的【行数】、【列】和【表格宽度】，如图9-41所示。

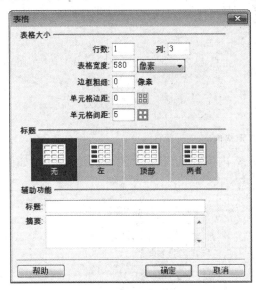 

图9-40 插入表格　　　　　　　　图9-41 插入表格

42.单击【确定】插入表格，选定新插入表格的所有单元格，在【属性】面板中设置【背景颜色】为"EDEDED"，将【宽】、【高】分别设置为"186""38"，完成后的效果如图9-42所示。

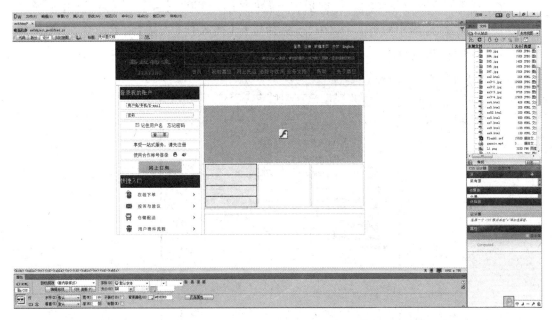

图9-42 设置单元格

43.参照步骤 22—步骤 34,分别在 4 个单元格内设置背景图像、输入文字、插入文本表单、插入按钮,设置完成后的效果如图 9-43 所示。

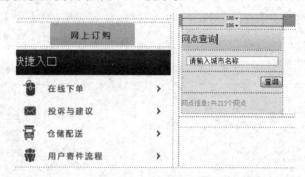

图 9-43　设置单元格内容

44.使用同样的方法对右侧剩下的两个单元格内容进行相应设置,设置完成后,如图 9-44所示。

图 9-44　设置剩余单元格

45.选择表格第 3 行并在【属性】面板中设置【宽】为"580",【高】为"168",将【水平】、【垂直】分别设置为【居中对齐】、【居中】。然后选择【插入】|【表格】菜单命令,在弹出的【表格】对话框中,设置新插入表格的【行数】、【列】和【表格宽度】,如图 9-45 所示。

图 9-45　插入表格

46.单击【确定】按钮插入表格,并设置单元格的行高、列宽、对齐方式,然后添加文字并应用 CSS 规则,完成后的效果如图 9-46 所示。

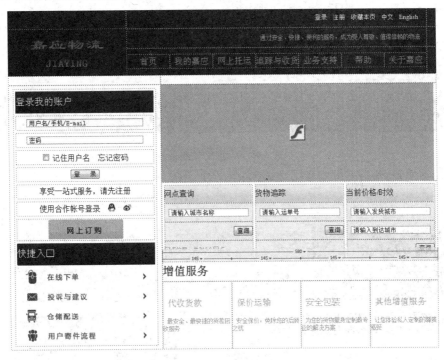

图 9-46 设置单元格

47.将光标置于做好的整个大表格右侧,然后选择【插入】|【表格】菜单命令,在弹出的【表格】对话框中设置新插入表格的【行数】、【列】和【表格宽度】,如图 9-48 所示。

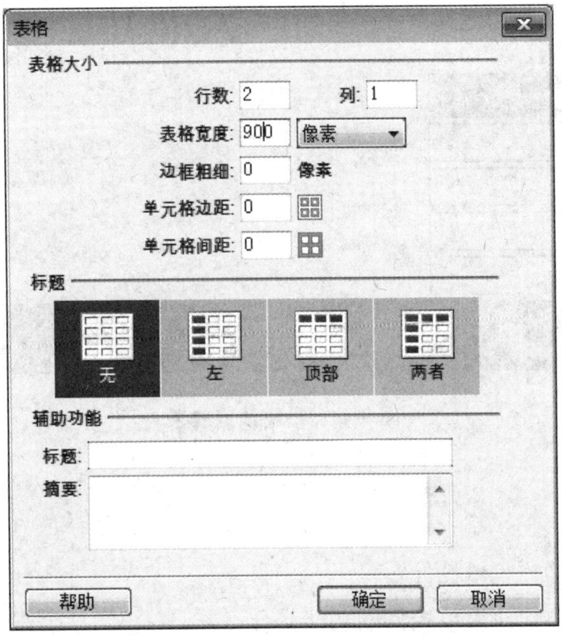

图 9-47 插入表格

48.单击【确定】按钮插入表格,然后在【属性】面板中将【Align】设置为【居中对齐】,将单元格【高】设置为"35",为表格设置背景颜色并在表格内输入文字,应用 CSS 样式,完成后的效果如图 9-48 所示。

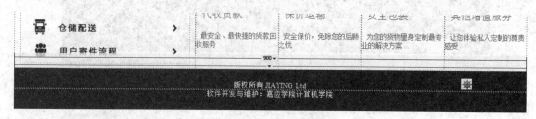

图 9-48　设置完成效果

49.保存网页,在浏览器中预览效果,如图 9-49 所示。

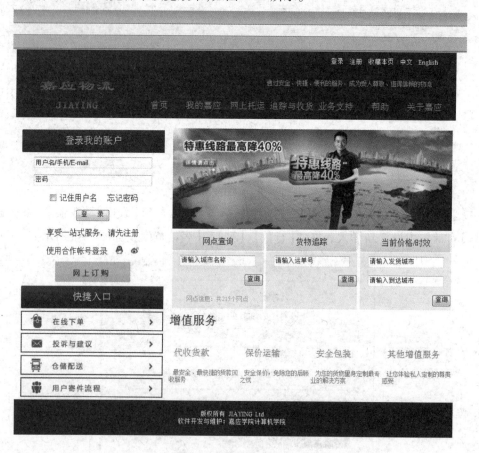

图 9-49　最终预览效果

【思考与练习】

1.本实验使用了哪些表单控件?

2.本实验未使用的其他表单控件的功能是什么?

3.表单添加进网页后如何实现其功能?

实验十　综合实例(三)

【实验目的】

- 掌握如何制作一个图片首页网页。
- 掌握在网页中使用 Div 对象。

【实验内容与步骤】

1.启动 Dreamweaver CC 软件,选择【文件】|【新建】菜单命令,在【新建文档】对话框中创建一个空白 HTML 文件,保存为"ex10.html",然后在【属性】面板中选择【CSS】选项,单击【页面属性】按钮,在弹出的【页面属性】对话框中,选择【外观(CSS)】选项,将【左边距】、【右边距】、【上边距】和【下边距】都设置为"0",如图 10-1 所示。

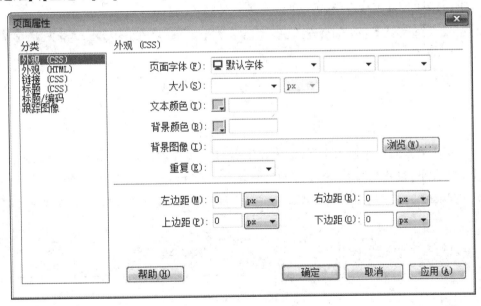

图 10-1　设置页面属性

2.单击【确定】按钮完成属性设置。然后单击网页编辑窗口右下角的【桌面电脑大小】按钮,选择【插入】|【表格】菜单命令,在弹出的【表格】对话框中设置新插入表格的【行数】、【列】、【表格宽度】、【边框粗细】、【单元格边距】和【单元格间距】,如图 10-2 所示。

3.单击【确定】按钮插入表格,然后将光标置于第 1 列单元格内,在【属性】面板中将

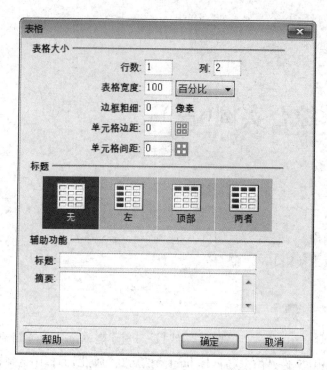

图 10-2　插入表格

【水平】设置为【右对齐】,将【垂直】设置为【底部】,将【宽】设置为"20%",将【高】设置为
"45",将【背景颜色】设置为"#0066FF",如图 10-3 所示。

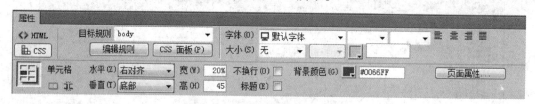

图 10-3　设置单元格

4.在第 1 列单元格中输入文字,输入完毕后,在【属性】面板中将【字体】设置为【微软
雅黑】,将【大小】设置为"18",将字体颜色设置为白色"#FFF",如图 10-4 所示。

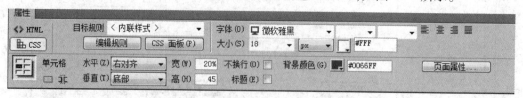

图 10-4　设置字体

5.设置完成后的效果如图 10-5 所示。

6.将光标置于第 2 列单元格内,在【属性】面板中将【水平】设置为【右对齐】,将【垂直】
设置为【底部】,将【宽】设置为"80%",将【背景颜色】设置为"#0066FF"。然后选择【插入】
|【图像】|【图像】菜单命令,在弹出的【选择图像源文件】对话框中选择实验文件夹"ex10"

图 10-5 文字效果

中的素材文件"2.png"，如图 10-6 所示。

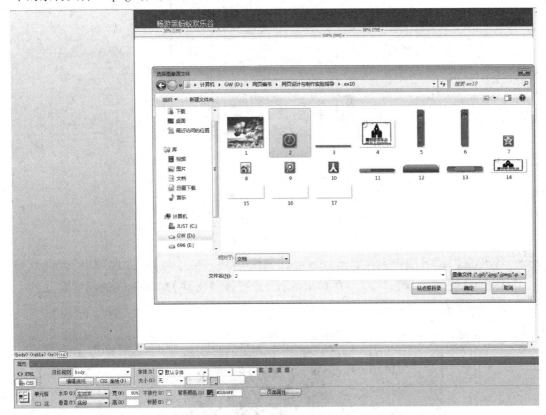

图 10-6 插入图片

7.单击【确定】按钮插入图片，然后在【属性】面板中将图片的【宽】和【高】都设置为"22"，如图 10-7 所示。

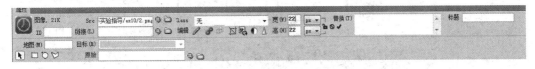

图 10-7 设置图片

8.将光标置于新插入的素材图片右侧，输入文字，然后在【属性】面板中将【字体】设置为【微软雅黑】，将【大小】设置为"18"，将字体颜色设置为白色"#FFF"，完成后的效果如图 10-8 所示。

图 10-8　输入文字并设置

9.将光标置于做好的整个表格右侧,然后选择【插入】|【表格】菜单命令,在弹出的【表格】对话框中设置新插入表格的【行数】、【列】和【表格宽度】,如图 10-9 所示。

图 10-9　插入表格

10.单击【确定】按钮插入表格,然后在【属性】面板中将【高】设置为"824",选择【插入】|【图像】|【图像】菜单命令,在弹出的【选择图像源文件】对话框中选择实验文件夹"ex10"中的素材文件"1.png",单击【确定】按钮插入图片,完成后的效果如图 10-10 所示。

图 10-10　插入素材图片

11.选择【插入】|【Div】菜单命令,在弹出的【插入 Div】对话框中进行设置,如图 10-11
所示。

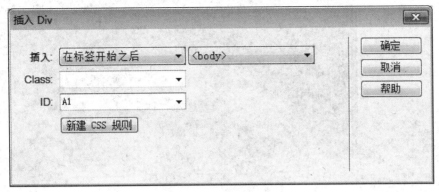

图 10-11　设置 Div

12.然后单击【新建 CSS 规则】按钮,在弹出的【新建 CSS 规则】对话框中,保持默认设
置,然后单击【确定】按钮,再在弹出的【CSS 规则定义】对话框中,将【定位】中的【Position】
设置为【absolute】,如图 10-12 所示。

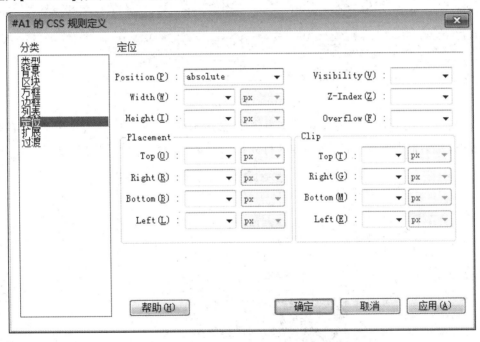

图 10-12　设置 CSS 规则

13.单击【确定】按钮返回【插入 Div】对话框,单击【确定】按钮。然后单击创建的 Div
边框选定 Div,在【属性】面板中将【左】、【上】、【宽】、【高】分别设置为"50px""43px"
"900px""50px",然后单击【背景图像】右侧的【浏览文件】按钮,在弹出的【选择图像源文
件】对话框中选择实验文件夹"ex10"中的素材文件"3.png",单击【确定】按钮插入图片,完
成后的效果如图 10-13 所示。

图 10-13　设置 Div 属性

14.将光标置于 Div 中,将默认的文字删除,然后选择【插入】|【表格】菜单命令,在弹出的【表格】对话框中设置新插入表格的【行数】、【列】和【表格宽度】,如图 10-14 所示。

图 10-14　插入表格

15.单击【确定】按钮插入表格,然后选择所有单元格,在【属性】面板中将【水平】设置为【居中对齐】,将【宽】设置为"150",将【高】设置为"50",如图 10-15 所示。

图 10-15　设置表格属性

16.在上一步创建的表格中输入文字,然后在【属性】面板中将【字体】设置为【微软雅黑】,将【大小】设置为"18",将字体颜色设置为白色"#FFF",完成后的效果如图 10-16 所示。

图 10-16　输入文字并设置

17.选择【插入】|【Div】菜单命令,在弹出的【插入 Div】对话框中进行设置,如图 10-17 所示。

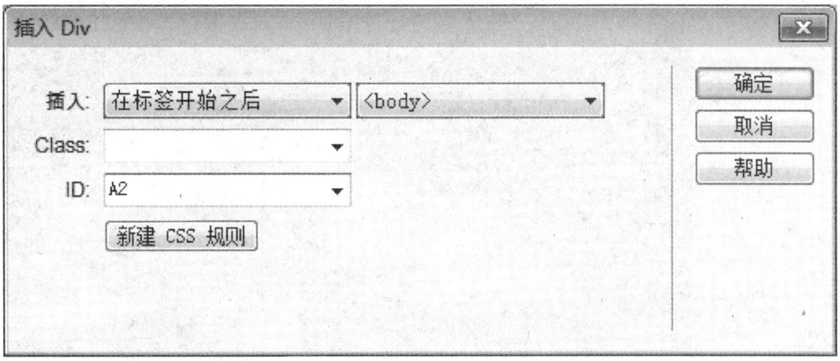

图 10-17　设置 Div

18.然后单击【新建 CSS 规则】按钮,在弹出的【新建 CSS 规则】对话框中,保持默认设置,单击【确定】按钮,再在弹出的【CSS 规则定义】对话框中将【定位】中的【Position】设置为【absolute】,如图 10-18 所示。

19.单击【确定】按钮返回【插入 Div】对话框,单击【确定】按钮。然后单击创建的 Div 边框选定 Div,在【属性】面板中将【左】、【上】、【宽】、【高】分别设置为"43px""93px""191px""138px",如图 10-19 所示。

20.将光标置于 Div 中,将默认的文字删除,选择【插入】|【图像】|【图像】菜单命令,在弹出的【选择图像源文件】对话框中选择实验文件夹"ex10"中的素材文件"4.png",单击【确定】按钮插入图片,完成后的效果如图 10-20 所示。

21.重复步骤 17—步骤 20,再次插入一个 Div 并命名为"A3",在【属性】面板中将

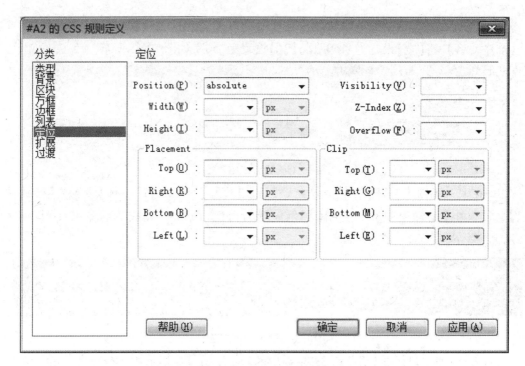

图 10-18　设置 CSS 规则

图 10-19　设置 Div 属性

图 10-20　插入图片

【左】、【上】、【宽】、【高】分别设置为"0px""303px""45px""230px"，然后在 Div 中插入实验文件夹"ex10"中的素材图片文件"5.png"，完成后的效果如图 10-21 所示。

图 10-21　插入 Div 并设置

22.重复步骤 17—步骤 19,再次插入一个 Div 并命名为"A4",在【属性】面板中将【左】、【上】、【宽】、【高】分别设置为"953px""303px""45px""230px",效果如图 10-22 所示。

图 10-22　插入 Div 并设置

23.将光标置于新插入的 Div 中,将默认的文字删除,然后选择【插入】|【表格】菜单命令,在弹出的【表格】对话框中设置新插入表格的【行数】、【列】和【表格宽度】,如图 10-23 所示。

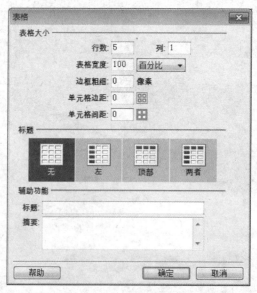

图 10-23　插入表格

24.单击【确定】按钮插入表格,然后单击创建的 Div 边框选定 Div,在【属性】面板中单击【背景图像】右侧的【浏览文件】按钮,在弹出的【选择图像源文件】对话框中选择实验文件夹"ex10"中的素材文件"6.png"，单击【确定】按钮插入图片，完成后的效果如图10-24所示。

图 10-24　插入背景图片

25.选择新建表格的第 1 行单元格,在【属性】面板中将【高】设置为"56",然后选择其他行的单元格,在【属性】面板中,将【水平】设置为【居中对齐】,将【高】设置为"45",设置完成后的效果,如图 10-25 所示。

26.将光标置于表格第 2 行单元格,选择【插入】|【图像】|【图像】菜单命令,在弹出的【选择图像源文件】对话框中选择实验文件夹"ex10"中的素材文件"7.png",单击【确定】按钮插入图片,完成后的效果如图 10-26 所示。

27.使用同样的方法,在其他 3 个单元格中分别插入实验文件夹"ex10"中的素材图片"8.png""9.png""10.png",完成后的效果如图 10-27 所示。

28.重复步骤 17—步骤 19,再次插入一个 Div 并命名为"A5",在【属性】面板中将【左】、【上】、【宽】、【高】分别设置为"0px""799px""1000px""70px",将【背景颜色】设置为"#241E42",效果如图 10-28 所示。

29.将光标置于上一步创建的 Div 中,并将默认的文字删除,然后选择【插入】|【表格】菜单命令,在弹出的【表格】对话框中,设置新插入表格的【行数】、【列】和【表格宽度】,如图 10-29 所示。

图 10-25　设置表格

图 10-26　插入图片

图 10-27　插入图片

图 10-28　插入 Div 并设置

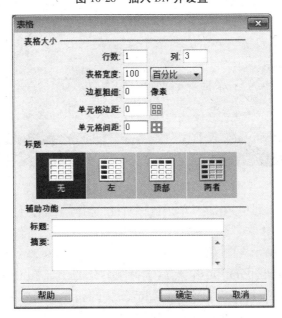

图 10-29　插入表格

30.单击【确定】按钮插入表格,将光标置于第1列单元格中,然后在【属性】面板中将
【水平】设置为【居中对齐】,将【宽】设置为"166",将【高】设置为"70",如图10-30所示。

图10-30　设置单元格

31.选择【插入】|【图像】|【图像】菜单命令,在弹出的【选择图像源文件】对话框中选择
实验文件夹"ex10"中的素材文件"14.png",单击【确定】按钮插入图片,完成后的效果如图
10-31所示。

图10-31　插入图片

32.将光标置于第2列单元格中,单击鼠标右键,选择【表格】|【拆分单元格】命令,如图
10-32所示。

33.在弹出的拆分单元格中,将单元格拆分成3行,如图10-33所示。

34.单击【确定】按钮拆分单元格,然后选择刚拆分的3行单元格,在【属性】面板中将
【水平】设置为【居中对齐】,将【宽】设置为"467",将【高】设置为"23",如图10-34所示。

35.在单元格中输入文字,然后在【属性】面板中将【字体】设置为【微软雅黑】,将【大

图 10-32 【拆分单元格】菜单

图 10-33 拆分单元格

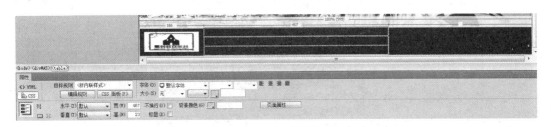

图 10-34 设置单元格

小】设置为"14"，将字体颜色设置为白色"#FFF"，完成后的效果如图 10-35 所示。

　　36.将光标置于第 3 列单元格中，在【属性】面板中将【水平】设置为【居中对齐】，选择
【插入】|【图像】|【图像】菜单命令，在弹出的【选择图像源文件】对话框中选择实验文件夹
"ex10"中的素材文件"15.png"，单击【确定】按钮插入图片，完成后的效果如图 10-36 所示。

　　37.在新插入的素材图片右侧，输入若干空格，然后重复步骤 36 将实验文件夹"ex10"

图 10-35　输入文字并设置

图 10-36　插入图片

中的素材图片"16.png"和"17.png"依次插入单元格内,完成后的效果如图 10-37 所示。

图 10-37　插入图片

38.重复步骤 11—步骤 13,再次插入一个 Div 并命名为"A6",在【属性】面板中将
【左】、【上】、【宽】、【高】分别设置为"10px""758px""350px""39px",然后单击【背景图像】
右侧的【浏览文件】按钮,在弹出的【选择图像源文件】对话框中选择实验文件夹"ex10"中
的素材文件"11.png",单击【确定】按钮插入图片,完成后的效果如图 10-38 所示。

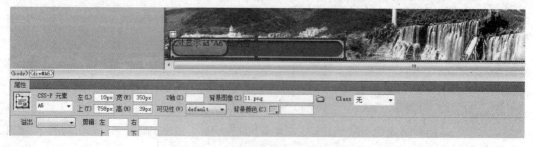

图 10-38　插入 Div 并设置

39.将光标置于上一步新建的 Div"A6",将默认的文字删除,然后选择【插入】|【表格】

菜单命令,在弹出的【表格】对话框中,设置新插入表格的【行数】、【列】和【表格宽度】,如图 10-39 所示。

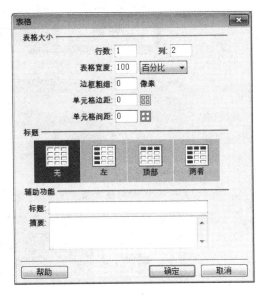

图 10-39　插入表格

40.单击【确定】按钮插入表格,将光标置于新插入表格的第 1 列单元格中,在【属性】面板中将【水平】设置为【居中对齐】,将【宽】设置为"120",将【高】设置为"39",如图 10-40所示。

图 10-40　设置单元格

41.在单元格内输入文字,选定输入的文字"蚂蚁公告",在【属性】面板中将【字体】设置为【微软雅黑】,将【大小】设置为"18",将字体颜色设置为"#012E20",完成后的效果如图 10-41 所示。

42.使用同样的方法在第 2 列单元格输入文字,然后在【属性】面板中将【字体】设置为【微软雅黑】,将【大小】设置为"18",将字体颜色设置为白色"#FFF",完成后的效果如图 10-42 所示。

43.重复步骤 11—步骤 13,再次插入一个 Div 并命名为"A7",在【属性】面板中将【左】、【上】、【宽】、【高】分别设置为"395px""755px""274px""44px",如图 10-43 所示。

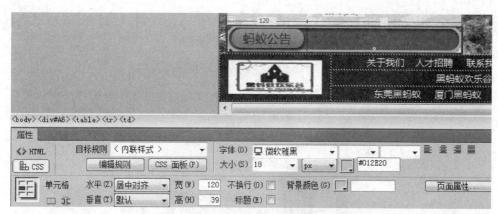

图 10-41　输入文字并设置

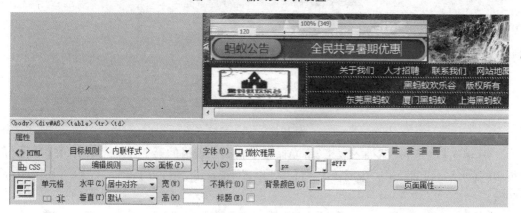

图 10-42　输入文字并设置

图 10-43　插入 Div

44.单击属性面板中【背景图像】右侧的【浏览文件】按钮,在弹出的【选择图像源文件】对话框中选择实验文件夹"ex10"中的素材文件"12.png",单击【确定】按钮插入图片,完成后的效果如图 10-44 所示。

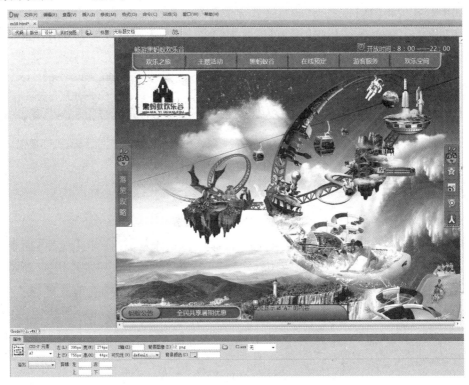

图 10-44　设置 Div 背景图像

45.将光标置于上一步创建的 Div"A7"内,删除默认的文字,然后选择【插入】|【表格】菜单命令,在弹出的【表格】对话框中,设置新插入表格的【行数】、【列】和【表格宽度】,如图 10-45 所示。

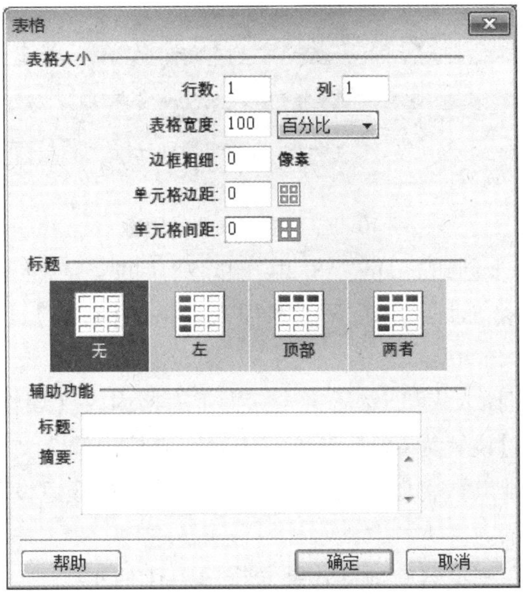

图 10-45　插入表格

46.单击【确定】按钮插入表格,然后将光标置于表格内,在【属性】面板中,将【水平】设置为【居中对齐】,将【高】设置为"40",设置完成后在表格内输入文字,并在【属性】面板中将【字体】设置为【微软雅黑】,将【大小】设置为"18",将字体颜色设置为"#012E20",完成后的效果如图 10-46 所示。

图 10-46　输入文字并设置

47.重复步骤 11—步骤 13,再次插入一个 Div 并命名为"A8",在【属性】面板中将【左】、【上】、【宽】、【高】分别设置为"710px""757px""267px""41px",如图 10-47 所示。

图 10-47　插入 Div

48.单击属性面板中【背景图像】右侧的【浏览文件】按钮,在弹出的【选择图像源文件】对话框中选择实验文件夹"ex10"中的素材文件"13.png",单击【确定】按钮插入图片,完成后效果如图 10-48 所示。

图 10-48　设置 Div 背景图像

49.将光标置于上一步创建的 Div"A8"内,删除默认的文字,然后选择【插入】|【表格】菜单命令,在弹出的【表格】对话框中,设置新插入表格的【行数】、【列】和【表格宽度】,如图 10-49 所示。

50.单击【确定】按钮插入表格,然后将光标置于表格内,在【属性】面板中,将【水平】设置为【居中对齐】,将【高】设置为"40",设置完成后在表格内输入文字,并在【属性】面板中将【字体】设置为【微软雅黑】,将【大小】设置为"16",将字体颜色设置为白色"#FFF",完成后的效果如图 10-50 所示。

51.保存网页,然后在浏览器中预览效果,如图 10-51 所示。

图 10-49　插入表格

图 10-50　输入文字并设置

图 10-51　网页最终浏览效果

【思考与练习】

1.本实验中的文字设置为什么不使用 CSS 规则,两种设置方法有什么优劣?

2.本实验为什么要使用 Div,在设计网页时 Div 一般用于什么场合?

3.Div 对象可以作为超链接的起点吗?

4.思考继续完成以本实验为首页的网站还需要哪些网页?